Motoren und Winden

für die

See- und Küstenfischerei

nach dem

Preisausschreiben des Deutschen Seefischerei-Vereins

von

DITTMER
Kapitän zur See a. D.

LIECKFELD
Zivilingenieur zu Hannover

ROMBERG
Professor der Techn. Hochschule zu Charlottenburg-Berlin

Erster Teil

Herausgegeben von dem

Deutschen Seefischerei-Verein zu Berlin

München und **Berlin**

Druck und Verlag von R. Oldenbourg

1911

Inhaltsübersicht.

1*

Abschnitt X.

Abschnitt XI.

Abschnitt XII.

Einleitung.

In der zweiten Hälfte des 19. Jahrhunderts verdrängte die Fortbewegung der Schiffe durch Dampfkraft die Segelfahrt in den Seeschiffahrtsbetrieben.

In dem Schwestergewerbe der Seefahrt, der Seefischerei, fand der Dampf erst ziemlich spät Anwendung.

Etwa im Jahre 1880 begann die Grundschleppnetzfischerei mit Dampfern von den nordeuropäischen Küsten aus; vom Jahre 1900 ab zählt die Verwendung der Dampfmaschine als Hilfskraft und auch als Vollkraft an Bord der Fangschiffe der Großen Heringsfischerei.

Der durch die Dampfkraft bewirkte Aufschwung dieser beiden Großbetriebe veranlaßte eine gesteigerte Ausbeutung der Fischgründe und eine zunehmende Bedrängung der Kleinbetriebe. Um an Bord der Kutter, Ewer und Boote der See- und Küstenfischer die Schraube und die Winde für das Fanggerät zu treiben, war die Dampfmaschine zu teuer und, wegen des Raumbedarfes sowie wegen der in dem Dampfkessel bei geringen Pferdestärken liegenden Schwierigkeiten, nicht geeignet. Hier war die Verbrennungskraftmaschine das geeignete Treibmittel.

Schon im Jahre 1890 war diese Maschine so weit entwickelt, daß man sie in der dänischen und schwedischen Seefischerei einzuführen begann. Die führende Stellung dieser Staaten wird auch jetzt noch von ihnen behauptet. In Deutschland verfolgte der Deutsche Seefischerei-Verein die dänischen Bestrebungen.

Als der Motorbetrieb im Jahre 1902 der dänischen Kleinfischerei einen solchen Aufschwung verschafft hatte, daß Deutschland bei dem Wettbewerb ins Hintertreffen kam, wurde die Frage nach einem für die Fahrzeuge und Boote unserer See- und Küstenfischerei geeigneten Motor bei uns dringend. Damals war in unserer Motorenindustrie der noch immer nicht über-

wundene Gesichtspunkt leitend, daß ein Automobilmotor ohne
weiteres an Bord und auf See verwendbar sei. Die Dänen und
Schweden hatten dagegen schon früher eingesehen, daß auf See,
besonders im Seefischereibetriebe, andere Anforderungen gestellt
werden müßten, und daß der rauhen hier auftretenden Beanspruchung nur ein Motor widerstehen könne, der besonders für diesen
Zweck gebaut sei.

So kam man in Dänemark und Schweden zu dem Glühhauben-
system in Verbindung mit einfachster Konstruktion und geringen
Umdrehungszahlen bei großen Gewichten; aber zu Maschinen,
welche allen Forderungen des Gewerbes genügten, brachte man es
nicht. Gleichwohl fanden diese Maschinen nicht nur in Skandi-
navien, sondern auch in allen anderen Kulturstaaten Absatz.

Die deutsche Industrie konnte oder wollte zu jener Zeit einen
derartigen Motor nicht liefern. Der Deutsche Seefischerei-Verein
war daher gezwungen, die ersten Fahrzeug- und Bootsmaschinen
aus Dänemark zu beziehen, wenn er seine in der Förderung der deutschen Seefischerei liegenden Aufgaben erfüllen wollte. Hierdurch ge-
wannen die dänischen Motoren in wenigen Jahren an unseren Küsten
eine solche Verbreitung, daß ernstlich auf Mittel gesonnen werden
mußte, die deutsche Motorenindustrie auf dies bedeutende Absatz-
gebiet aufmerksam zu machen. So entstand das:

„Preisausschreiben

zur

Erlangung brauchbarer Motoren und Winden für Fahrzeuge der
deutschen See- und Küstenfischerei

veranstaltet vom

Deutschen Seefischerei-Verein, Berlin, unter Beteiligung des Vereins
Deutscher Motorfahrzeug-Industrieller, Berlin.

Berlin im August 1908.“

Mit dem Ausschreiben der Preise konnte aber erst vorgegangen
werden, nachdem der Herr Reichskanzler (Reichsamt des Innern)
die Geldmittel für die Preise und für die Kosten bewilligt hatte,
welche durch die Prüfungen entstanden und nicht von den Fabriken
getragen werden konnten. Außerdem steuerte der Verein Deutscher
Motorfahrzeug-Industrieller 5000 M. zu den Kosten bei.

Bei Beurteilung der Leistung jedes Schiffs- und Bootsmotors
ist das Fahrzeug, seine Form und seine Ausrüstung von großer Be-

deutung. Es war also nötig, auch die Fahrzeuge in der vorliegenden Arbeit zu berücksichtigen.

Zu den wichtigsten Teilen der Ausrüstung gehören bei See-fischereifahrzeugen die Winden. Sie sind deshalb zum Wettbewerb mit herangezogen und daher auch in der Arbeit berücksichtigt.

Von den in diesem Werk enthaltenen Zeichnungen ist ein Teil von Zivilingenieur Lieckfeld zu Hannover hergestellt. Von ihm sind auch die Abschnitte über die Motorbrennstoffe und über die Wettbewerbsmotoren und -winden entworfen. Die Bearbeitung der anderen Abschnitte ist von Kapitän zur See a. D. Dittmer aus-geführt. Die ganze Arbeit ist nach ihrer Fertigstellung von Professor Romberg durchgesehen.

Berlin im Juni 1911.

Abschnitt I.

Das Preisausschreiben nebst Ergänzungen und einer Übersicht über das Gesamtergebnis.

Wir lassen zunächst den Wortlaut des vorhin erwähnten Preisausschreibens und der Ergänzungen dazu auf Seite 8 bis 19 folgen:

Vorwort.

Der große Aufschwung, den die deutsche Seefischerei in den letzten 25 Jahren genommen hat, ist im wesentlichen den beiden Großbetrieben, der Grundschleppnetzfischerei mit Fischdampfern und der Großen Heringsfischerei mit Dampfern und Segelloggern (ohne und mit Hilfsdampfmaschinen) zuzuschreiben. Neben diesen Betrieben, die mit großen, mehr oder minder stark bemannten Fahrzeugen ausgeübt werden, besteht bei uns, namentlich im Gebiete der Ostsee, eine aus zahlreichen kleineren Fahrzeugen zusammengesetzte Seefischereiflotte. Die mit dieser betriebene Kleinfischerei hat, abgesehen von einigen in den letzten Jahrzehnten neu aufgekommenen Fischereibetrieben, an dem Aufschwung der deutschen Seefischerei nicht teilgenommen, sie ist vielmehr im Beharrungszustand verblieben, zeigt sogar in einigen Teilen Merkmale eines Rückschritts[1]).

Wird hiermit die Entwicklung der Seefischerei in den skandinavischen Ländern verglichen, so ist bei diesen im Gegensatz zu Deutschland ein unverkennbarer Aufschwung auch der Seefischerei mit kleinen Fahrzeugen festzustellen. Dieser günstige Entwicklungsgang ist fast durchweg verbunden mit der Einführung von Ver-

---

[1]) Die Kleinfischerei einschließlich der Kutterfischerei in der Nordsee wird in Deutschland betrieben mit etwa 15 000 gedeckten und halbgedeckten Fahrzeugen, Booten und Kähnen, deren Besatzung sich auf etwa 23 000 Mann stellt, wovon 6500 nur vorübergehend tätig sind.

brennungsmotoren. Als klassisches Land hierfür ist Dänemark zu bezeichnen.

Daß der Verbrennungsmotor berufen sei, auch der deutschen Kleinfischerei neue Entwicklungsbahnen zu eröffnen, während die Verwendung der Dampfkraft hier nicht in Frage kommen konnte, ist vom Deutschen Seefischerei-Verein vor länger als einem Jahrzehnt erkannt worden. Soweit zurück erstrecken sich seine Versuche, hier helfend einzugreifen. Sie konnten in großem Maßstabe gleichzeitig in der Nord- und Ostsee in Angriff genommen werden, als vor fünf Jahren der Herr Staatssekretär des Innern reiche Mittel für diesen Zweck zur Verfügung gestellt hatte.

Damals handelte es sich darum, zu erproben, ob überhaupt der Motor ein geeignetes Mittel sei, die deutsche Kleinfischerei neu zu beleben. Bei den Versuchen mußte deshalb auf bereits in der praktischen Fischerei bewährte Motore zurückgegriffen werden; solche hatte man in den Erzeugnissen der dänischen Industrie. Die Brauchbarkeit dieser robusten, der rauhen Behandlung an Bord der Fahrzeuge gewachsenen Maschinen hat sich bei den Versuchen ergeben, wenn auch erkannt wurde, daß die besonderen Verhältnisse der deutschen Küte und der örtlich verschiedenartigen Fahrzeuge und Fangmethoden bei Verwendung von Motoren eingehend berücksichtigt werden müssen.

Wie stark das Bedürfnis nach einem Motor für Fischerfahrzeuge in den Kreisen der Kleinfischerei gefühlt wird, das zeigt neben der gewaltigen Ausdehnung der Motorfischerei in den skandinavischen Ländern auch die in Deutschland sich anbahnende Entwicklung. Ist doch im Verlauf der letzten Jahre die Zahl der in der deutschen Seefischerei tätigen Motorfahrzeuge fast bis auf 100 angewachsen. Die Motoren sind, von wenigen Ausnahmen abgesehen, ausländischer Herkunft.

Die deutsche Motorenindustrie hat sich bisher mit der Herstellung von Motoren für die besonderen Zwecke der Seefischerei nur in geringem Maße befaßt. Sie ist im allgemeinen mit dem Seefischereibetrieb noch zu wenig vertraut, um die Anforderungen zu kennen, die an die Spezialmaschine für den Seefischereibetrieb gestellt werden müssen.

Die deutsche Motorenindustrie zu veranlassen, ihre Kraft der Herstellung eines allen Ansprüchen der Seefischerei gewachsenen Motors zuzuwenden und damit die Versorgung der deutschen Seefischer mit Motoren deutscher Herkunft herbeizuführen, ist der

Zweck des nachfolgenden Preisausschreibens, das sich zugleich auf
ein für die Seefischerei wichtiges Betriebsmittel, die Winde, erstreckt.
Bei der Ausarbeitung des Preisausschreibens ist der Verein Deutscher
Motorfahrzeug-Industrieller beteiligt gewesen. Den von seiten seines
Vertreters geltend gemachten Interessen der Industrie ist bei der
Gestaltung des Preisausschreibens in weitgehendstem Maße Rechnung
getragen worden. Mit Rücksicht hierauf hoffen wir, daß das Preis-
ausschreiben die beteiligten Kreise zu lebhaftem Wettbewerb an-
regen und so für die deutsche Seefischerei wie auch für die deutsche
Motorenindustrie von Nutzen sein wird.

Wir sind uns darüber klar, daß wir bei der Durchführung des
Wettbewerbes, insbesondere was Information über Fischereibetriebe
und Bereitstellung von Fahrzeugen für den Einbau der Motoren
anbetrifft, den sich beteiligenden Interessenten unsere Unterstützung
in weitestem Umfange zu gewähren haben werden. Wir sind hierzu
gern bereit und bitten, Anfragen und Gesuche an die hierunter angegebene Geschäftsstelle zu richten.

Berlin NW. 6, Luisenstraße 33/34, im August 1908.

Deutscher Seefischerei-Verein.

I. Anzahl und Höhe der Preise.

a) Für die besten ausgeführten Motoren[1]) mit Zubehör.

Klasse 1, für kleine Motoren von
4 bis 10 Bremspferdestärken:

1. Preis   10 000 M.
2.   »   6 000 »
3.   »   2 000 »

Klasse 2, für größere Motoren von
20 bis 30 Bremspferdestärken:

1. Preis   20 000 M.
2.   »   10 000 »

b) Für die besten ausgeführten Winden.

1. Preis   2000 M.
2.   »   1000 »

---

[1]) Unter Motoren sind verstanden Verbrennungskraftmaschinen, welche
mit flüssigen oder gasförmigen Brennstoffen betrieben werden.

Sollten voll befriedigende Ergebnisse nicht erzielt werden, so können an Stelle erster Preise zweite und dritte Preise verliehen werden. Das Preisgericht behält sich vor, zu bestimmen, ob ü b e r - h a u p t Preise gegeben werden.

II. Allgemeine Bestimmungen.

1. J e d e d e r k o n k u r r i e r e n d e n F i r m e n k a n n f ü r d i e e i n z e l n e K l a s s e n u r j e e i n e n M o t o r a n - m e l d e n. W e r d e n d i e M o t o r e n d a g e g e n m i t v e r s c h i e d e n e n B r e n n s t o f f e n b e t r i e b e n, s o s i n d a u c h m e h r e r e M o t o r e n f ü r d i e s e l b e K l a s s e z u l ä s s i g.

2. Die Motoren und Winden müssen in Deutschland von deutschen Firmen gebaut sein.

3. Die für den Betrieb der Motoren benutzten Brennstoffe müssen hinsichtlich ihrer Feuers- und Explosionsgefahr auf gleicher Stufe mit dem »Reichstestpetroleum« stehen, d. h. der Ent- flammungspunkt muß über 30° liegen.

4. Die Motoren sollen nur soviel Umdrehungen in der Zeit- einheit machen, daß eine gute Schrauben- und Schleppwirkung d a u e r n d gewährleistet ist.

5. Behufs Erprobung im Fischereibetriebe auf See muß der Motor mit gesamtem maschinellen Zubehör, Wellenleitungen und Schraube, in ein Fischereifahrzeug eingebaut und m i n - d e s t e n s e i n v o l l e s J a h r i n B e n u t z u n g g e - h a l t e n w e r d e n. Dasselbe gilt auch von der Winde.

6. Während dieses Probejahres ist von dem Führer des Fahr- zeuges ein Journal nach dem in Anlage I beiliegenden Muster zu führen, aus dem hervorzugehen hat, daß der Motor inner- halb des Probejahres mindestens 1000 Stunden benutzt wurde. Die in dieser Zeit an dem Motor vorgenommenen Repara- turen und Überholungsarbeiten sind in das Journal einzu- tragen.

7. Die Wartung des Motors und der Winde hat ausschließlich von den Fischern selbst zu erfolgen.

8. Die Winde ist für Kraft- und Handbetrieb einzurichten. Sie ist den Betriebsverhältnissen des Fahrzeuges anzupassen.

9. Die Führung des Journals wird von Vertrauensmännern des Deutschen Seefischerei-Vereins überwacht, denen der Fischer von der jedesmaligen Ankunft in einem Hafen unverzüglich

Mitteilung zu machen hat. Die Fabriken erhalten
allmonatlich vom Seefischerei-Verein Be-
richt.

10. Den Anfang der Konkurrenz bestimmt der Deutsche
    Seefischerei-Verein.

11. Die Kosten des Einbaues der Motoren und Winden in die
    Fischereifahrzeuge und -boote trägt der Fabrikant. Das-
    selbe gilt von den Kosten des eventuellen Ausbaues.

    Das Rechtsverhältnis, das während des Probejahres zwi-
    schen Fabrikant und Fischer bestehen soll, insbesondere die
    Verpflichtung zur Tragung der Betriebskosten, wird unter
    Mitwirkung des Deutschen Seefischerei-Vereins in jedem ein-
    zelnen Falle durch besondere Vereinbarung geregelt.

12. Die Absicht, sich an dem Wettbewerb zu beteiligen, ist dem
    Deutschen Seefischerei-Verein bis zum 1. März 1909 unter
    Beifügung von Zeichnungen und Beschreibungen der Motoren
    und Winden sowie einer Skizze für ihren Einbau in das Fahr-
    zeug mitzuteilen.

III. Bestimmung für die Prüfung der ausgeführten Motoren.

1. Die Prüfung der angemeldeten Motoren und
   Netzwinden zerfällt in drei Abteilungen:
   a) in eine Vorprüfung durch achtstündigen
      Dauerbetrieb in der Fabrik,
   b) in die praktische Probezeit auf See,
   c) in eine Nachprüfung des Zustandes der
      Motoren an Bord.
   Die sachlichen Kosten der Vor- und Nachprüfung tragen die Fabrikanten. Die not-
   wendigen Einrichtungen sind vom Fabrikanten nach Angabe des Preisgerichts zu
   treffen.

2. Die Vorprüfung hat sich auf nachstehende Punkte zu
   erstrecken:
   a) Bestimmung der größten Kraftleistung durch Bremsung.
   b) Entnahme von Indikatordiagrammen.
   c) Bestimmung des Brennstoffverbrauchs bei Vollast, Halb-
      last und Leerlauf.
   d) Zeitdauer der Ingangsetzung.
   e) Sicherheit der Ingangsetzung.

f) Ungleichförmigkeitsgrad durch Tachometermessung bei Vollast, Halblast und Leerlauf.

g) Art und Anzahl der etwa vorgekommenen Störungen.

h) Schmierölverbrauch bei Vollast.

3. Auf Grund des E r g e b n i s s e s d i e s e r V o r p r ü f u n g entscheidet das Preisgericht e n d g ü l t i g über weitere Zulassung zum Wettbewerb.

4. Nach Beendigung d e s P r o b e j a h r e s wird eine erneute Prüfung des Motors durch die Preisrichter vorgenommen; diese Prüfung erstreckt sich im wesentlichen auf dieselben Punkte wie die Vorprüfung m i t A u s n a h m e d e r B r e m - s u n g. Hinzu kommt eine Untersuchung auf Abnutzung, außerdem wird die S c h r a u b e n wirkung und die Umsteuerung des Motors o d e r der Schraube untersucht. D i e U n t e r s u c h u n g n a c h d e r P r o b e z e i t w i r d a b - g e s c h l o s s e n d u r c h e i n e a c h t s t ü n d i g e p r a k - t i s c h e S c h l u ß p r ü f u n g a n B o r d d e s F a h r - z e u g s d u r c h M i t g l i e d e r d e s P r e i s g e r i c h t s u n t e r Z u z i e h u n g e i n e s F a b r i k v e r t r e t e r s.

IV. Staffeln für die Preisrichter bei Beurteilung der Motoren.

D i e e n d g ü l t i g e P r e i s f e s t s e t z u n g e r f o l g t a u f G r u n d d e r E r g e b n i s s e d e r P r ü f u n g e n u n t e r a (V o r p r ü f u n g), b (P r o b e z e i t a u f S e e), c (N a c h p r ü - f u n g).

Für die Bewertung der Motoren sind die Staffeln in Anlage II beigefügt.

V. Bestimmungen für die Prüfung der ausgeführten Winden.

Die Winden müssen benutzt werden können:

a) zur Bedienung der Fanggeräte;

b) zum Lichten der Anker, wenn Größe und Art des Fahrzeuges dies erfordern;

c) zur Bedienung der Segel und zu anderem Schiffsdienst, sofern Größe und Art des Fahrzeuges dies bedingen.

Für welchen Fangbetrieb eine Winde besonders einzurichten ist, und ob sie für verschiedene Betriebe benutzbar ist, muß der Wettbewerber entscheiden.

Kuppelung und Kabelar müssen von dem Windenfabrikanten geliefert werden.

VI. Preisfestsetzung und Staffel für die Preisrichter bei Beurteilung von Winden.

Die Preisfestsetzung erfolgt auf Grund:

    a) einer praktischen Probezeit von einem Jahr auf See;

    b) einer Nachprüfung des Zustandes der Winde an Bord nach Beendigung des Probejahrs.

Die bei Beurteilung der Winden von den Preisrichtern zu benutzende Staffel ist in Anlage III beigefügt.

In dieser Staffel werden die Ergebnisse der praktischen Prüfung auf See und der Nachprüfung zusammengefaßt.

VII. Vorschriften für die Benutzung der Staffel bei Bemessung der Güte der Motoren (Anlage II).

Für jede der aufgeführten Eigenschaften wird die Güte durch eine Zahl von 1 bis 10 ausgedrückt. Diese Gütezahl wird multipliziert mit der in Anlage II angegebenen Wertungszahl.

Die höchste Endzahl, welche ein Motor erreichen kann, wenn seine Gütezahlen mit den Wertungszahlen multipliziert werden, ist demnach = 740.

Je größer die Endzahl, desto größer ist der Wert des Motors.

VIII. Vorschriften für die Benutzung der Staffel bei Bemessung der Güte der Winden.

Für jede der aufgeführten Eigenschaften wird die Güte durch eine Zahl von 1 bis 10 ausgedrückt. Diese Zahl wird multipliziert mit der in Anlage III angegebenen Wertungszahl. Die höchste

Anlage I zum Preisausschreiben.

Journal

Dieses Journal wird für das von dem Deutschen Seefischerei-Verein einder jedesmaligen Ankunft in einem Hafen dem zuständigen Vertrauensmann

Laufende Nummer	Tag		Betriebstage		Fangort	Fanggerät	Wind-		Wassertiefe in Meter und Grundbeschaffenheit	Stromrichtung und -stärke	Störungen des Motors			
	Monat						Richtung	Stärke n. Beaufort			Unbeabsichtigte Stillstände (Ursache und Zeitdauer).	Kraftmangel (Ursache und Zeitdauer)	Reparaturen (Art der Reparatur, Zeit u.Kosten für die Ausführung)	Andere Störungen (Stoßen, Rückschläge, Knallen aus dem Auspuffrohr, unregelmäß. Gang usw.)
		von	bis	im Hafen	in See										
1	2	3	4	5	6	7	8	9	10	11	12	13	14	15	16

Endzahl, welche eine Winde erreichen kann, wenn ihre Gütezahlen mit den Wertungszahlen multipliziert werden, ist demnach = 220.

IX. Mitglieder des Preisgerichts.

Das Preisgericht setzt sich zusammen aus dem Präsidenten des Deutschen Seefischerei-Vereins als Vorsitzenden, dem General-sekretär des Deutschen Seefischerei-Vereins, dem technischen Bei-rat des Deutschen Seefischerei-Vereins, dem Generalsekretär des Vereins Deutscher Motorfahrzeug-Industrieller[1]), dem Zivilingenieur L i e c k f e l d zu Hannover, dem Direktor P a g e l des Germani-schen Lloyd zu Berlin, dem Geheimen Baurat W i l h e l m s zu Köslin, dem Geheimen Hofrat S c h ö t t l e r der Technischen Hochschule zu Braunschweig, dem Geheimen Regierungsrat F r e s e der Technischen Hochschule zu Hannover, dem Geheimen Marine-Oberbaurat V e i t h , Vorsitzender der technischen Kommission des Motorjachtverbandes zu Berlin, dem Kgl. Oberfischmeister H e i d -r i c h zu Swinemünde, dem Kgl. Oberfischmeister B l a n k e n b u r g zu Altona a. E., dem Fischerei-Inspektor D u g e zu Cuxhaven, dem Fischereidirektor L ü b b e r t zu Hamburg, dem Professor L a a s der Technischen Hochschule zu Charlottenburg, dem Professor R o m -b e r g der Technischen Hochschule zu Charlottenburg. Der Deutsche Seefischerei-Verein behält sich Verstärkung im Bedarfsfalle vor.

---

[1]) Für den Generalsekretär des Vereins deutscher Motorfahrzeug-Industrieller trat 1910 der Marinebaumeister S c h u l t h e s , Direktor der Siemens-Schuckert werke zu Berlin als Mitglied in das Preisgericht.

Anlage I zum Preisausschreiben

muster.

gesetzte Preisgericht geführt. Der mit der Führung beauftragte Fischer hat von des Deutschen Seefischerei-Vereins unverzüglich Mitteilung zu machen.

Zeit der Meldung der Störung an den zuständigen Vertrauensmann	Störungen der Winde	Grund der Störung der Winde und Art der Abhilfe	Zahl d. gemacht. Fangzüge	Betriebsstunden		Angabe der Art und Menge der gefangenen Fische	Erlös in Mark	Bemerkungen	Laufende Nummer
				des Motors	der Netzwinde				
17	18	19	20	21	22	23	24	25	26

Anlage II zum Preisausschreiben.

Staffeln für die Preisrichter bei Bemessung der Güte der Motoren.

a) Vorprüfung.

Wertungszahl

4	Zuverlässigkeit des Betriebes in achtstündigem Dauerbetrieb bei Vollast.
4	Brennstoffverbrauch bei Vollast, Halblast und Leerlauf.
4	Einfachheit der Konstruktion.
3	Billigkeit der Anschaffung.
2	Platzbedarf für Motor einschließlich Zubehör.
2	Geräuschlosigkeit.
2	Stoßfreier und ruhiger Gang.
2	Regelmäßigkeit des Ganges bei verschiedener Belastung.
2	Schmierölverbrauch.
25	

b) Probezeit auf See.

Wertungszahl

4	Betriebssicherheit, einschließlich Explosions- und Feuersicherheit.
4	Manövrierfähigkeit.
4	Schleppwirkung.
4	Einfachheit der Wartung, der Reparatur und Reinigung.
16	

c) Schlußprüfung.

Wertungszahl

4	Betriebssicherheit, einschließlich Explosions- und Feuersicherheit.
4	Brennstoff- und Schmierölverbrauch.
4	Schraubenwirkung.
4	Sicherheit der Verbindung zwischen Motor und Schraube.
4	Übersichtlichkeit und Zugänglichkeit der maschinellen Anlage.
3	Einfachheit der Wartung.
3	Leichte Ausführbarkeit der Reparaturen und Reinigungen.
3	Abnutzung.
2	Geräuschloser, stoßfreier, ruhiger Gang bei allen Belastungen.
2	Art und Unterbringung des Brennstoffes unter Berücksichtigung der Eigenart des Fahrzeuges oder Bootes.
33	

Anlage III zum Preisausschreiben.

Staffeln für die Preisrichter bei Bemessung der Güte der Winden.

Wertungszahl

4	Einfachheit der Konstruktion.
4	Möglichkeit des Handbetriebes und des Motorbetriebes.
3	Übersichtlichkeit und Zugänglichkeit.
3	Leichte Ausführbarkeit von einfachen Reparaturen durch die Fischer.
3	Güte der Ausführung der Winde.
3	Leichter Gang und geringer Kraftverbrauch.
3	Billigkeit der Anschaffung.
2	Geringe Raumbeanspruchung und geringes Gewicht.
25	

Ergänzungen zum Preisausschreiben.

Berlin im Dezember 1908.

Zum Vorwort.

Von der größten Bedeutung für die Fabriken, welche Motoren und Winden für den Wettbewerb liefern, ist die Kenntnis der See- und Küstenfischereibetriebe.

Diese Betriebe sind in der Nordsee anders als in der Ostsee.

Sie sind an einem Ort und in einer Gegend der Nordseeküste und der Ostseeküste anders als an einem anderen Ort oder in einer anderen Gegend.

Nur durch Entsendung von Technikern nach der Küste und in die Betriebe werden sich die Motor- und Windenfabriken den nötigen Ein- und Überblick schaffen können.

Sieht man von der Verschiedenheit der Betriebe ab, so lassen sich die Fahrzeuge und Boote für die hier vorliegenden Zwecke teilen:

a) In Seefischereifahrzeuge und -boote mit einem Bedarf an Vorrat von Motorbrennstoff und Schmiermaterial für etwa 5 bis 15 Tage.

b) In Küstenfischereifahrzeuge und -boote mit einem Bedarf an Vorrat von Motorbrennstoff und Schmiermaterial für 1 bis 2 Tage.

Zum Preisausschreiben.

Zu II. 3.

Im Preisausschreiben ist nur die Bestimmung über den B e -
t r i e b s stoff der Motoren getroffen.

Für das A n l a s s e n und A b l a s s e n der Motoren sind auch
andere Stoffe als auf gleicher Stufe mit dem Reichstestpetroleum
stehende zulässig.

Zu II. 7.

Eine längere Beschäftigung des Fischers, der ein Fahrzeug oder
Boot im Wettbewerb führen soll, in der beteiligten Fabrik ist erwünscht, weil es in beiderseitigem Interesse liegt.

In die Einbauzeit des Motors in das Fahrzeug oder Boot wird
eine Vorprobezeit von 8 Tagen eingeschlossen. Während dieser
achttägigen Vorprobezeit darf der Motor in Gegenwart und unter
Beteiligung eines Monteurs der Fabrik auf der Stelle und in Fahrt
laufen.

Der Deutsche Seefischerei-Verein wird alle beteiligten Fabriken
auffordern, die Vermeidung von Vergünstigungen irgendwelcher Art
als Ehrensache zu betrachten.

Um das Interesse der beteiligten Fischer zu steigern, wird der
Deutsche Seefischerei-Verein den Fischern für besonders gute Wartung und Behandlung der Maschinen nach Beendigung der Preis-
zeit Geldpreise zuwenden. Es sind zunächst drei Preise in Aussicht
genommen. Ihre Höhe festzusetzen behält sich der Deutsche Seefischerei-Verein vor.

Es wird dafür gesorgt werden, daß die Monteure sich während
der praktischen Probezeit auf See, III. 1 b des Preisausschreibens,
an der Instandhaltung nicht beteiligen.

Zu II. 8.

Hat man ein Fahrzeug oder Boot mit Takelung und Hilfsmaschine,
so muß die Winde in erster Reihe für den Handbetrieb und erst in
zweiter Reihe für den Motorbetrieb geeignet sein.

Hat man ein Fahrzeug oder Boot mit Hilfsbesegelung oder
ohne Segel, so muß die Winde in erster Reihe für den Motorbetrieb,
in zweiter Reihe für den Handbetrieb geeignet sein.

Bei der Konstruktion des Motors wird auf den Antrieb der
Winde insofern Rücksicht zu nehmen sein, als der Fall eintreten
kann und voraussichtlich eintreten wird, daß zur Ersparung von
Kraft, also von Geld, die Winde nur mit einem Zylinder betrieben

werden soll. Zu dem Betrieb der Winde ist nämlich in der Regel erheblich weniger Kraft nötig als zum Betrieb der Schiffs- oder Bootsschraube.

Von der Art und Einrichtung der Winde wird der Deutsche Seefischerei-Verein dem Motorfabrikanten auf Anfrage Kenntnis geben. Wird mit dem Motor eine neue Winde eingebaut, so wird der Deutsche Seefischerei-Verein die Verbindung des Motorfabrikanten mit dem Windenfabrikanten vermitteln.

Da es Fangbetriebe im See- und Küstenfischereigewerbe gibt, welche ohne Winde arbeiten, ist es möglich, daß der Motor nur die Schiffs- oder Bootsschraube treibt.

Zu II. 10.

Die Anmeldung eines Motors zur Vorprüfung durch achtstündigen Dauerbetrieb in der Fabrik, nach III. 1 a des Preisausschreibens, muß bis zum 1. Juli 1909 erfolgen.

Bei etwaiger Verspätung über diesen Zeitpunkt hinaus können unter Umständen Rücksichten genommen werden, wenn der Nachweis erbracht wird, daß zwingende Gründe für die Verspätung vorlagen.

Zu II. 11.

In die Einbaukosten sind die Umbaukosten eingeschlossen.

Übersicht über das Gesamtergebnis.

Die Zahl der Anfragen war zu Anfang, d. h. im Jahr 1908, so groß, daß eine bedeutende Beteiligung zu erwarten stand. Die Gründe, weshalb dann manche Firmen zurückhielten, sind nicht ganz klar geworden. Es ist anzunehmen, daß bei einigen die Beschränkung des Motorbrennstoffes der Grund war; bei anderen scheint das Probejahr auf See und die dadurch entstandene Abhängigkeit von den mit der Bedienung der Preismaschinen allein betrauten Fischern den Ausschlag gegeben zu haben.

Von Motoren sind zum Wettbewerb angemeldet: 18.

Davon sind vor der Vorprüfung zurückgezogen: 6.

Es haben die Vorprüfung nicht bestanden: 5.

Von den angemeldeten 18 Motoren fallen also 11 fort und es bleiben übrig: 7.

Von Winden sind zum Wettbewerb angemeldet: 6.

Davon sind zurückgezogen: 4. — Es bleiben also übrig: 2.

Nähere Angaben enthält das folgende

Verzeichnis
der Wettbewerbsmotoren- und Winden.

Lfde. Nr.	Fabrik	Art u. Stärke des Motors oder der Winde	Datum der Vorprüfung	Beginn des Probejahres auf See	Datum der Schlußprüfung	Bemerkungen
1	2	3	4	5	6	7
1	Maschinenbau-Aktiengesellschaft vormals Ph. Swiderski zu Leipzig-Plagwitz	Petroleumzweitaktmotor von 8 PS	6. und 7. April 1909	1. Juli 1909	8. und 9. Juli 1910	
2	Desgl.	Rohölzweitaktmotor von 6 PS	9. und 10. Juli 1909	5. August 1909	28. u. 29. September 1910	
3	Kieler Maschinenbau-Aktiengesellschaft vormals C. Daevel in Kiel	Petroleumviertaktmotor von 8 PS	25. und 26. Juni 1909	11. August 1909	12. und 13. Oktober 1910	
4	Schlossermeister Theuring zu Elbing	Snurrwadenwinde	Fand nach den Bestimmungen des Preisausschreibens nicht statt	11. August 1909	12. und 13. Oktober 1910	
5	Gasmotorenfabrik Deutz zu Cöln-Deutz	PetroleumViertaktmotor von 8 PS	11. und 12. Juni 1909	3. November 1909	9. und 10. Novembr. 1910	
6	GradeMotorwerke G. m. b. H. zuMagdeburg	Rohölzweitaktmotor von 8 bis 10 PS	29. und 30. Oktober 1909	7. Dezember 1909	7. und 8. Dezember 1910	
7	Eisengießerei u.Maschinenfabrik Achgelis Söhne zu Geestemünde	Grundschleppnetzwinde	Fand nach den Bestimmungen des Preisausschreibens nicht statt	7. April 1910	11. April 1911	
8	Gasmotorenfabrik Deutz zu Cöln-Deutz	Petroleumviertaktmotor von 24 PS	1.Februar 1910	15. Mai 1910	16. und 17. Mai 1911	
9	Maschinen-u. Armaturenfabrik vorm. H. Breuer zu Höchst a. M.	Rohölviertaktmotor von 8 PS	30. und 31. März 1910	—	—	Der Motor wurde nach bestandener Vorprüfung von der Firma vom Wettbewerb freiwillig zurückgezogen

Abschnitt II.

Der Spruch des Preisgerichts über die Motoren der Klasse 1, von 4 bis 10 Bremspferdestärken.

In dem Preisausschreiben war nach S. 10 bestimmt:

Anzahl und Höhe der Preise.

a) Für die besten ausgeführten Motoren mit Zubehör:

Klasse 1, für kleine Motoren von 4 bis 10 Bremspferdestärken:

1. Preis 10 000 M.,
2. Preis 6000 M.,
3. Preis 2000 M.

Klasse 2, für größere Motoren von 20 bis 30 Bremspferdestärken:

1. Preis 20 000 M.,
2. Preis 10 000 M.

b) Für die besten ausgeführten Winden:

1. Preis 2000 M.,
2. Preis 1000 M.

Die von dem Deutschen Seefischerei-Verein und von dem Verein Deutscher Motorfahrzeug-Industrieller berufenen Preisrichter haben in ihrer Sitzung vom 25. Februar 1911, unter Vorbehalt der Beschlußfassung über die Motoren der 2. Klasse und der Winden, deren Prüfungszeit erst im Frühjahr 1911 ablief, folgende Entscheidung bezüglich der Motoren der 1. Klasse getroffen: Es wird zuerkannt:

Der erste Preis von 10 000 M.

der Gasmotorenfabrik Deutz zu Cöln-Deutz für einen Petroleummotor System Brons von 8 PS.

Der zweite Preis von 6000 M.

> der Maschinenbau-Aktiengesellschaft vormals Ph. Swiderski zu Leipzig-Plagwitz für einen Rohöl-Glühhaubenmotor von 6 PS.

Der dritte Preis von 2000 M.

> der Kieler Maschinenbau-Aktiengesellschaft vormals C. Daevel in Kiel für einen Petroleum-Glühhaubenmotor von 8 PS.

Abschnitt III.

Die flüssigen Motorbrennstoffe.

Obgleich in den Wettbewerbsmotoren im besonderen nur Petroleum und Rohöl (Gasöl des Zolltarifs S. 28) verwendet worden sind, machen wir über die Betriebsstoffe für Verbrennungsmotoren folgende allgemeinen Angaben.

Herkunft und Brauchbarkeit der flüssigen Brennstoffe sind völlig zuverlässig nur durch sorgfältige und umständliche Untersuchung zu beurteilen.

Den besten Anhalt für die Verwendbarkeit eines Treiböles für einen bestimmten Motor bildet das spezifische Gewicht. Dieses Gewicht erhält man direkt und hinreichend genau durch Ermittelung des Gewichts von einem Liter des Brennstoffes in Kilogramm.

Die verschiedenen Motorbrennstoffe.

Als Motorbrennstoffe kommen zurzeit in Betracht die aus:

a) dem Rohpetroleum,
b) der Braunkohle,
c) der Steinkohle

gewonnenen Erzeugnisse.

Das Rohpetroleum und die aus demselben gewonnenen Motorbrennstoffe.

Von den aus dem Rohpetroleum gewonnenen Motorbrennstoffen kommen als Motorbetriebsstoffe in Frage:

a) Lampenpetroleum,
b) Benzin, Gasolin und verwandte Stoffe,
c) Rohöl;

außerdem zur Schmierung:

d) Schmieröl.

Lampenpetroleum

ist überall auf der Erde im Groß- und Kleinhandel zu haben.

Sein s p e z i f i s c h e s   G e w i c h t beträgt 0,79 bis 0,82.

M e r k m a l e: Petroleumgeruch, wasserhell und grünlich-blauer Farbenschiller.

E n t z ü n d b a r e D ä m p f e entstehen bei mehr als 21° C.

V e r d a m p f u n g im geschlossenen Raum bringt Feuers- und Explosionsgefahr.

D i c k f l ü s s i g k e i t tritt bei den niedrigsten Temperaturen unserer Breiten nicht ein.

G e s c h l o s s e n e, dichte Gefäße sind zur Aufbewahrung nötig.

Leichtbenzin, Schwerbenzin, Gasolin und ähnliche Stoffe
sind überall auf der Erde im Groß- und Kleinhandel zu haben.

Das s p e z i f i s c h e G e w i c h t ist 0,69 bis 0,75.

M e r k m a l e: Benzingeruch, wasserhell und grünlich-blauer Farbenschiller.

E n t z ü n d b a r e D ä m p f e entstehen schon bei − 20 bis − 40° C, also weit unter der Gefriertemperatur.

V e r d u n s t u n g i n g e s c h l o s s e n e m R a u m b r i n g t h ö c h s t e E x p l o s i o n s - u n d F e u e r s g e f a h r, s o d a ß d i e V e r w e n d u n g i n S e e f i s c h e r e i f a h r z e u g e n g a n z u n z u l ä s s i g e r s c h e i n t.

D i c k f l ü s s i g k e i t tritt bei den niedrigsten Temperaturen in unseren Breiten nicht ein. Falls überhaupt verwendet, ist äußerst vorsichtige Aufbewahrung in geschlossenen, dichten, explosionssicheren Gefäßen und sehr sorgfältige Behandlung Grundbedingung.

Rohöl,
in dem Zolltarif Gasöl genannt, siehe S. 28. Zurzeit am besten zu beziehen durch:

    a) die Deutsch-amerikanische Petroleumgesellschaft in Berlin,
    b) die Deutsche Vacuum Oil-Company in Hamburg,
    c) die Deutsche Gasöl-Verkaufsgesellschaft in Berlin,
    d) die Deutsche Öl-Importgesellschaft in Hamburg und andere.

Das s p e z i f i s c h e G e w i c h t ist 0,83 bis 0,88.

M e r k m a l e: Petroleumgeruch, gelblich bis dunkelbraun, grünlich-blauer Farbenschiller.

E n t z ü n d b a r e D ä m p f e entstehen bei mehr als 60° C.

D i c k f l ü s s i g k e i t tritt unter Umständen schon bei ± 0° C ein.

I m W i n t e r kann daher warme Aufbewahrung nötig werden.

S t a r k e B e i m e n g u n g e n v o n S a n d können im Betrieb unbequem werden und bedingen eine sorgfältige Beobachtung und Reinigung der Siebe in den Leitungen von den Brennstoffgefäßen zum Motor.

Braunkohlenteeröle

werden in dem sächsisch-thüringischen Braunkohlengebiet und in der Gegend von Darmstadt gewonnen. Sie sind zu beziehen von dem Verkaufssyndikat von Paraffinöl in Halle und von der Gewerkschaft Messel bei Darmstadt.

S p e z i f i s c h e s   G e w i c h t 0,80 bis 0,92.

M e r k m a l e : Braunkohlengeruch, gelb, rot und dunkelrot.

E n t z ü n d b a r e   D ä m p f e entstehen bei mehr als 50° C.

D i c k f l ü s s i g k e i t tritt bei 0 bis — 15° C ein.

Im Winter kann warme Aufbewahrung nötig werden.

N o r m a l e   A u f b e w a h r u n g in festen, dichten Gefäßen genügt.

Steinkohlenteeröle.

Man unterscheidet:

> Rohbenzol,
>
> Reinbenzol,
>
> Schwere Öle.

Rohbenzol

wird nicht verwendet.

Reinbenzol, 90 prozentiges Handelsbenzol

wird in den Steinkohlendistrikten gewonnen. Zurzeit zu beziehen durch:

a) G. Schäfer in Hamburg,

b) Rütgerswerke, Aktiengesellschaft zu Rauxel in Westfalen und andere.

S p e z i f i s c h e s   G e w i c h t 0,78 bis 0,80.

M e r k m a l e : Benzolgeruch, wasserhell.

E n t z ü n d b a r e   u n d   g e f ä h r l i c h e   D ä m p f e entstehen schon bei — 30° C, also weit unter dem Gefrierpunkt.

V e r d u n s t u n g ,   G e f a h r   d e r   V e r w e n d u n g   a n   B o r d und n o r m a l e   A u f b e w a h r u n g wie bei Benzin, siehe S. 24.

Schwere Öle

sind in reinem Zustand in den jetzigen Motoren noch nicht verwendbar. In Verbindung mit etwa zwei Prozent leichterem Zündöl oder mit Vorwärmung können sie in Dieselmotoren benutzt werden.

Abschnitt IV.

Die Verzollung der Motorbrennstoffe, die Erlangung der Zollfreiheit und der Zollermäßigung.

Einheimische Öle.

Die in Deutschland gewonnenen Öle sind selbstverständlich zollfrei.

Auf den aus deutschem Rohpetroleum gewonnenen Ölen ruht jedoch eine Steuer von 3 M. für den Doppelzentner = 100 kg.

Von deutschen Ölen kommen zurzeit in Frage:

Petroleum,

Benzin,

Gasöl,

Braunkohlenteeröl,

Steinkohlenteeröl.

Mit Ausnahme des Steinkohlenteeröls werden diese Öle in Deutschland bis jetzt in so geringer Menge gewonnen, daß wir ohne ausländische Öle nicht auskommen können. Von den Steinkohlenteerölen ist bis jetzt das Benzol (Reinbenzol) als Motorbrennstoff in Verwendung. Die schwereren Steinkohlenteeröle sind zu allgemeiner Einführung als Motorbrennstoffe noch nicht geeignet.

Ausländische Öle.

Die einheimischen Öle reichen, wie oben erwähnt wurde, zur Versorgung deutscher Motoren mit Brennstoff nicht aus; wir beziehen diesen daher zum größten Teil aus dem Ausland, und zwar hauptsächlich:

Petroleum,

Benzin,

Gasöl.

Wieweit diese Öle verzollt werden, ist bestimmt durch das Zolltarifgesetz vom 25. Dezember 1902 (Reichsgesetzblatt für 1902, S. 303), durch das Warenverzeichnis zum Zolltarife für die Zeit vom 1. März 1906 ab (Berlin 1906, R. v. Deckers Verlag, G. Schenk, Kgl. Hofbuchhändler) und durch den Taratarif vom 23. Januar 1906 (Zentralblatt für das Deutsche Reich für 1906, S. 31). Hieraus geben wir einen Auszug über die Verzollung von Mineralölen.

Erläuterungen zu dem auf Seite 28 folgenden Auszug:

Es bedeutet in S p a l t e 3:

kg = Kilogramm.

v., daß es sich um »Vertragszollsätze« handelt, welche auf den zurzeit bestehenden Handelsverträgen beruhen.

(Der Vertragszoll findet zurzeit Anwendung auf alle Länder, welche für Lieferung von Mineralölen in Betracht kommen, nämlich:

Vereinigte Staaten von Nordamerika,

Rußland,

Rumänien,

Österreich,

Holländisch Indien,

Mexiko.)

In S p a l t e 4 sind die Tarazuschlagsätze in Hundertteilen des Eigengewichtes der Mineralöle angegeben.

Der Wortlaut des Gesetzes und des Warenverzeichnisses ist überall festgehalten, soweit als dies möglich war.

1	Nummer des Zolltarifs	Zollsatz für 1 Doppelzentner = 100 kg in Mark	Tarazuschlagsätze
1	2	3	4

Mineralöle:

1. **Erdöl** (Petroleum), flüssiger natürlicher Bergteer (Erdteer), Braunkohlenteeröl, Torföl, Schieferöl, Öl aus dem Teer der Boghead- oder Kannelkohle und sonstige Mineralöle mit Ausnahme der in der nachstehenden Ziffer 2 genannten, roh oder gereinigt (raffiniert), sowie Destillate aus diesen Ölen:

a) **Schmieröle,** insbesondere Lubrikating-, Paraffin-, Vaselin-, Vulkanöl; auch teerartige, paraffinhaltige und im Wasser nicht untersinkende pechartige Rückstände von der Destillation der Mineralöle . . .	239	10	
b) **andere Mineralöle** (z. B. Brennpetroleum [Kerosin], Benzin, Gasolin, Ligroin, Petroleumäther, Putzöl) .	239	v 6	Beim Eingang in Fahrzeugen (Kesselwagen, Tankschiffen o. dgl.), die zum Versand der Öle ohne Umschließung eingerichtet sind, oder in anderer als handelsüblicher Umschließung (hölzernen Fässern, Glasballons und Glasballons mit Korbumschließung), z. B. in Blechgefäßen oder eisernen Fässern: für Öle von einer Dichte von 0,750 oder darunter bei 15° C 29, für Öle von einer Dichte von mehr als 0,750 bis 0,830 einschließlich bei 15°C. 25, für Öle von einer Dichte von mehr als 0,830 bei 15°C 20.
Schwerbenzin mit einem spezifischen Gewicht (einer Dichte) von mehr als 0,750 bis 0,770 einschießlich bei 15° C, zur Verwendung zum Betriebe von Motoren, in inländischen Betriebsanstalten gewonnen oder aus dem Ausland eingehend, unter Überwachung der Verwendung . .	—	v 2	
Gasöl mit einem spezifischen Gewicht (einer Dichte) von über 0,830 bis 0,880 einschließlich bei 15° C, zur Verwendung zum Betriebe von Motoren oder zur Karburierung von Wassergas, in inländischen Betriebsanstalten gewonnen oder aus dem Ausland eingehend, unter Überwachung der Verwendung	—	v 3	
2. **Steinkohlenteeröle,** leichte, einschließlich der ölartigen Destillate aus Steinkohlenteerölen, z. B. Benzol, Cumol, Toluol, Xylol, und schwere, z. B Anthracenöl, Karbolöl, Kreosotöl; auch Asphaltnaphtha und sog. Kohlenwasserstoff .	245	frei	

Die Zollfreiheit auf See.

Alle auf Seite 23 bis 28 aufgeführten ausländischen Mineralöle können seewärts der deutschen Zollgrenze zollfrei verbraucht werden. Zu diesem Zweck werden die Brennstoff-(Mineralöl)Behälter mit Inhalt durch die Zollbehörde beaufsichtigt und plombiert, bis das Schiff die Zollgrenze passiert ist. Die Zollfreiheit ist desto lohnender, je länger ein Schiff oder Fahrzeug sich in See befindet. Kehrt das Fahrzeug in den Ausgangshafen zurück oder läuft es in einen anderen deutschen Hafen ein, so kommt der Brennstoff bei dem Passieren der Zollgrenze wieder unter Zollaufsicht und unter Zollverschluß. Seefischereifahrzeuge, welche täglich oder auf wenige Tage von deutschen Häfen und Küstenpunkten aus zum Fang in See gehen, müssen auf diese Art der Erlangung der Zollfreiheit verzichten, denn sie können sich nicht an die auf bestimmte Tagesstunden beschränkten Zollabfertigungsstunden der Zollbehörden binden; außerdem können sie die durch die regelrechte Zollabfertigung entstehenden Kosten und Zeitverluste nicht tragen. Eine Ausnahme hiervon kann in Häfen eintreten, an deren Seezollgrenze ein Zollwachtschiff mit Tages- und Nachtdienst liegt.

Verwendet man Petroleum als Brennstoff, so wird man in den meisten deutschen Häfen das beschriebene Verfahren einhalten müssen, wenn man Zollfreiheit erlangen will.

Bei Verwendung von Rohöl (Gasöl), als Brennstoff ist nicht nur die Zollermäßigung, sondern die Zollfreiheit stets zu haben. Das Verfahren ist allerdings bei den verschiedenen Zollbehörden der deutschen Küsten nicht gleich.

Energische Bemühungen der Fischer oder ihrer Vertreter, oder der Anruf des Deutschen Seefischerei-Vereins werden stets zum Ziele führen.

Freiheit in Häfen mit Zollausschluß oder Freibezirk.

In mehreren deutschen Seehäfen mit erheblichem Handelsverkehr befindet sich ein Zollausschlußgebiet, in anderen ein Freibezirk[1]).

---

[1]) Es haben:

Zollausschlüsse:		Freibezirke:	
Hamburg	Cuxhaven	Brake	Stettin
Bremen	Emden	Altona	Neufahrwasser
Bremerhaven	Geestemünde		

In Freibezirken wird die Identität der Waren zollamtlich festgehalten; sie werden bei der Einfuhr angeschrieben und bei der Ausfuhr abgeschrieben.

In Zollausschlüssen findet keine zollamtliche Kontrolle statt; es besteht vielmehr volle Freiheit des Warenverkehrs.

Nimmt ein Seefischerei-Motorfahrzeug seinen aus dem Auslande
stammenden und deshalb mit Zoll belegten Motorbrennstoff in
einem solchen Zollausschlußgebiet oder in einem Freibezirk an
Bord, und geht es dann zum Fang direkt in See, so fällt jede
besondere Zollkontrolle fort; auch entstehen besondere Kosten
für die Befreiung vom Zoll nicht.

Erleichterte Zollkontrolle zur Erlangung von Zollfreiheit oder Zollermäßigung für Gasöl.

Um die Möglichkeit einer Erleichterung deutlich zu machen,
geben wir folgendes Beispiel:

An einem Seefischereihafen der Ostküste von Schleswig-Holstein
wurde von einer Gesellschaft, welche Gasöl für Motoren
liefert, für den Betrieb der dort heimischen Motor-Seefischerei-
fahrzeuge ein eiserner Tank mit 30 000 kg Gasöl unter Zollkontrolle, d. h. als Privatteilungslager unter zollamtlichem Mitverschluß, aufgestellt und durch eine Leitung so mit dem Wasser
verbunden, daß die Fahrzeuge und Boote unter den Zapfkran
der Leitung holen, ihre Brennstoffbehälter füllen, dann im Betriebe verbrauchen und die Auffüllung wiederholen können, wenn
die Behälter leer sind. Eine Plombierung der Behälter im Schiff
findet nicht statt.

In diesem Falle wird also das aus dem Auslande stammende,
im Behälter am Lande unter Zollverschluß lagernde, Gasöl von den
Fahrzeugen unverzollt bezogen und unverzollt verwendet. Der
Behälter am Lande wird nach erfolgter Entnahme durch das Zollamt wieder verschlossen.

Die Zollkontrolle kostet 1,60 M. für die Stunde, als Gebühr für
zwei dabei beschäftigte Beamte. Diese Beamten sind nur gelegentlich
durch die Kontrolle in Anspruch genommen.

In einem ostpreußischen Fischereihafen beziehen die vereinigten
Motorfahrzeugbesitzer gemeinsam einen Eisenbahn-Kesselwagen ausländischen Gasöls von 10 000 bis 12 000 kg Inhalt. Dieses Gasöl
wird bei seiner Ankunft in Gegenwart eines Zollbeamten in Eisenfässer abgefüllt, welche den Fischern gehören. Den Inhalt des
Kesselwagens teilen die Fischer. Die Verwendung dieses Gasöls
erfolgt unter zollamtlicher Überwachung zum ermäßigten Zollsatz
von 3 M. plus 20% Tarazuschlag = 3,60 M. für 100 kg. Dieser Bezug
stellt sich noch billiger als der aus einem Tank. Es ist aber erforderlich,
daß jeder Fischer einige Eisenfässer besitzt und daß hinreichend

Teilnehmer vorhanden sind, um den Inhalt eines Kesselwagens von 10 000 bis 12 000 kg unterzubringen.

Das in dem schleswig-holsteinischen und das in dem ostpreußischen Hafen angewendete Verfahren wird in jedem Hafen möglich sein, an dem Zollbeamte ihren Sitz haben. Man sollte aber stets auf die Zollfreiheit, nicht auf die Zollermäßigung bedacht sein.

Größere Erleichterung bei Erlangung der Zollfreiheit von Gasöl durch Lagerung von Fässern im Privatteilungslager unter zollamtlichem Mitverschluß.

Der Brennstoff liegt in diesem Falle in eisernen Fässern in einem verschließbaren Schuppen in der Nähe des Hafens unter Zollkontrolle. Die Ausgabe geschieht faßweise. Wenn sich am Orte keine Zollbehörde befindet, kommt wöchentlich einmal ein Beamter vom nächsten Zollamt zur Ausgabe. Eine Plombierung der Fässer und eine weitere Kontrolle findet nicht statt.

Noch größere Erleichterung bei Erlangung der Zollfreiheit von Gasöl durch Privatteilungslager ohne zollamtlichen Mitverschluß.

Der Lagerhalter wird auf das Zollinteresse vereidigt. Es wird eine Kaution in Höhe des vollen Zollsatzes des ganzen Lagerbestandes hinterlegt. In diesem Falle erfolgt die Abgabe von zollfreiem Gasöl ohne Zollbeamte, aber unter Verantwortung des vereidigten Lagerhalters. Die Zollkontrolle erfolgt nur vierteljährlich.

Schwierigkeit der Erlangung aller erwähnten Erleichterungen für Petroleum.

Da bei Petroleum die Möglichkeit besteht, daß es zu Beleuchtungszwecken verwendet wird, werden die erwähnten Erleichterungen dafür schwer zu haben sein. Am leichtesten sind sie für Gasöl zu erlangen.

Maßnahmen zur Erlangung der erwähnten Erleichterungen.

Um an einem gegebenen Hafen oder an einem gegebenen Küstenpunkt die erwähnten Erleichterungen zu erlangen, ist nötig:

a) daß sich die dort ansässigen Fischer zu einem Verband zusammenschließen und eine Niederlage gründen, oder

b) daß eine mit Brennstoff handelnde Firma die Niederlage
   übernimmt, oder

c) daß eine deutsche Motorenfabrik die Niederlage errichtet
   und die Lieferung übernimmt.

In den Fällen unter b und c muß aber dafür gesorgt werden,
daß den Fischern vertragsmäßig kleine Preise gestellt werden.

S c h l u ß b e m e r k u n g .

Müssen Seefischerei-Motorfahrzeuge, um das Zollausland (die
See) zu erreichen, oder um in den Ausgangshafen zurückzukehren,
inländische Meeresteile oder Gewässer durchfahren, so werden die
Zollbehörden ihnen auch für diese Fahrten die Zollfreiheit zugestehen,
wenn sie die Strecken ohne Aufenthalt durchlaufen.

Zur Erlangung der früher erwähnten Erleichterungen und
zur Errichtung der zollfreien Lager sind längere Verhandlungen mit
den Zollbehörden nötig. Außerdem ist in der Regel eine größere
Geldsumme als Sicherheit bei der Zollbehörde zu hinterlegen. Wir
können hier auf alle möglichen Einzelheiten nicht eingehen und
machen die Fischer darauf aufmerksam, daß sie die Hilfe des
Deutschen Seefischereivereins anrufen können, wenn sie Schwierigkeiten begegnen.

**Bemerkungen über die Erlangung von Zollfreiheit und Zollermäßigung
innerhalb der Seezollgrenze in Form von Erläuterungen zu dem
Auszug aus dem Warenverzeichnis zum Zolltarif auf Seite 28.**

Die folgenden Erläuterungen sind für diejenigen See- und Küstenfischer ohne Wert, welche den zollfreien Gebrauch des Motorbrennstoffes dadurch erlangen, daß die See als Zollausland gilt.

Diese Erläuterungen haben aber Bedeutung für die Fischer,
welche zwischen der Außengrenze der Binnenfischerei und der Seezollgrenze fangen. Dies sind in der Hauptsache die Innenförden
und die Bodden sowie die Mündungsgebiete unserer Flüsse und
Ströme.

1. A u s l ä n d i s c h e s   B e n z i n   trägt den Zollsatz von
M. 6 plus 29 Prozent Tarazuschlag = M. 7,74 für 100 kg, jedoch
kann Benzin für motorische Zwecke in nachstehenden Fällen zollfrei
oder zum ermäßigten Zollsatz bezogen werden:

a) Wenn ein Konsument für sämtliche Motoren in einem Kalenderjahre nicht mehr als 10 000 kg Benzin gebraucht und die Motoren
nicht zur Herstellung von elektrischem Licht dienen, so kann der

Motorenbesitzer 10 000 kg zollfrei beziehen. Es ist jedoch zu diesem Zwecke notwendig, daß er sich von demjenigen Zollamt, welchem sein Wohnort untersteht, einen Erlaubnisschein ausstellen läßt. Bedingung ist, daß das spezifische Gewicht des Benzins unter 0,750 liegt.

b) Gebraucht der Motorenbesitzer in einem Kalenderjahre mehr als 10 000 kg Benzin im spezifischen Gewicht von weniger als 0,750, so kann er das Benzin für motorische Zwecke nicht zollfrei beziehen.

c) Dagegen kann der Motorenbesitzer Schwerbenzin im spezifischen Gewichte von 0,750 bis 0,770 in jedem beliebigen Quantum zum ermäßigten Zollsatz von 2 M. plus 25 Prozent Tarazuschlag = 2,5 M. für 100 kg für motorische Zwecke beziehen, auch wenn der Motor ganz oder teilweise zur Herstellung von Licht dient, sofern er sich von seinem Zollamt einen Erlaubnisschein ausstellen läßt.

2. Unter G a s ö l des »Warenverzeichnisses zum Zolltarif« auf S. 28 unter 1 b sind die bei der Petroleumdestillation gewonnenen Nebenprodukte im spezifischen Gewichte von 0,830 bis 0,880 zu verstehen. Die beste Bezeichnung dafür wäre »Motortreiböl«. Diese Abfallöle kommen als Treiböl, Rotöl, Blauöl, Gasöl usw. in den Handel. Der Motoreigner muß seine Wahl treffen, so gut er kann.

A u s l ä n d i s c h e s G a s ö l trägt den Zollsatz von M. 6 plus 20 Prozent Tarazuschlag = M. 7,20 für 100 kg.

Dasselbe kann jedoch im spezifischen Gewichte von 0,830 bis 0,880 für motorische Zwecke in beliebigen Quantitäten zum ermäßigten Zollsatz von M. 3 plus 20 Prozent Tarazuschlag = M. 3,60 für 100 kg bezogen werden, wenn sich der Motorenbesitzer von dem zuständigen Zollamt einen Zollerlaubnisschein ausstellen läßt. Um einen solchen Schein zu erhalten, ist es erforderlich, eine Eingabe an das Zollamt ungefähr nach folgendem Entwurf zu machen:

»Ich beabsichtige, ausländisches Treiböl im spezifischen Gewicht von 0,830 bis 0,880 (im Zolltarif Gasöl genannt) zum Betriebe eines Motors auf meinem Schiff . . . . direkt aus dem Auslande [aus einem inländischen Privatteilungslager unter amtlichem Mitverschluß usw.] zum ermäßigten Zollsatz von M. 3 plus 20 Prozent Tarazuschlag zu beziehen, und ersuche um Ausstellung eines Zollerlaubnisscheines.«

Wir schließen hieran ein:

Verzeichnis verschiedener Motorbrennstoffe ohne und mit Zoll nach den Preisen

Lfde. Nr.	Art des Motor-brennstoffes	Preis für den Doppelzentner = 100 kg in Mark	Zoll u. Tara-zuschlag für den Doppel-zentner = 100 kg in Mark	Preis f. d. Doppel-zentner = 100 kg mit Zoll- u. Tara-zuschlag in Mark	Bemerkungen
1	2	3	4	5	6
1	Brenn- und Motor-petroleum	10,00 in Eisenbahnkesselwagen von 10 000 bis 12 000 kg Inhalt, mit Einschluß der Fracht	6 + 1,50 = 7,50	17,50	Der Bezug von Mineralöl in einzelnen Fässern oder in noch kleineren Gefäßen ist selbstverständlich teurer, als die Preise in Spalte 3 und 5. Wieviel die Mehrkosten in diesen Gefäßen betragen, ist so verschieden, daß sich allge-meine Angaben nicht machen lassen. Der Ladenpreis für 100 kg verzolltes Motorpetro-leum war z. B. in Berlin im Februar 1911 = 20 Mark.
2	Leichtbenzin von 0,700 bis 0,720 spez. Gewicht	21,00 in Eisenbahnkesselwagen von 10 000 bis 12 000 kg Inhalt; von Hamburg aus geliefert, ohne Fracht	6 + 1,74 = 7,74	28,74	
3	Benzin von 0,740 bis 0,750 spez. Gewicht	16,00 in Eisenbahnwagen von 10 000 bis 12 000 kg Inhalt; von Hamburg aus geliefert, ohne Fracht	6 + 1,74 = 7,74	23,74	
4	Benzin von 0,750 bis 0,770 spez. Gewicht	16,00 in Eisenbahnwagen von 10 000 bis 12 000 kg Inhalt; von Hamburg aus geliefert, ohne Fracht	6 + 1,50 = 7,50	23,50	
5	Benzin von 0,750 bis 0,770 spez. Gewicht mit Zoll-ermäßigung und unter Überwachung der Verwahrung	16,00	2 + 0,50 = 2,50	18,50	
6	Gasöl von 0,830 bis 0,880 spez. Gewicht	5,25 in Eisenbahnwagen von 10 000 bis 12 000 kg von Hamburg für Orte west-lich von Swinemünde, mit Einschluß der Fracht	6 + 1,2 = 7,2	12,45	Gasöl in einzelnen Fässern kann, solange sich keine Tanks in den Hafen- und Küsten-orten befinden, nur von Ham-burg aus bezogen werden.

und Zollsätzen, welche im Februar 1911 in Deutschland gangbar waren.

Lfde. Nr.	Art des Motorbrennstoffes	Preis für den Doppelzentner = 100 kg in Mark	Zoll u. Tarazuschlag für den Doppelzentner = 100 kg in Mark	Preis f. d. Doppelzentner = 100 g mit Zoll- u. Tarazuschlag in Mark	Bemerkungen
1	2	3	4	5	6
7	Gasöl von 0,830 bis 0,880 spez. Gewicht, mit Zollermäßigung unter Überwachung der Kontrolle	5,25 in Eisenbahnwagen von 10000 bis 12000 kg von Hamburg für Orte westlich von Swinemünde mit Einschluß der Fracht	3 + 0,60 = 3,60	8,85	Die Kosten für einzelne Fässer, von Hamburg bezogen, stellten sich im Februar 1911 etwa wie folgt:
8	Gasöl von 0,830 bis 0,880 spez. Gewicht.	5,35 in Eisenbahnwagen von 10000 bis 12000 kg von Hamburg für Orte östlich von Swinemünde, mit Einschluß der Fracht	6 + 1,20 = 7,20	12,55	100 kg Gasöl ab Tankanlage Hamburg, unverzollt . . . . . . M. 5,00 Leihgebühr für ein eisernes Faß . . . . » 0,50 Krangebühr in Hamburg . . . . . . » 0,25 Abfuhrgebühr in Hamburg . . . . » 0,60
9	Gasöl von 0,830 bis 0,880 spez. Gewicht, mit Zollermäßigung unter Überwachung der Kontrolle	5,35 in Eisenbahnwagen von 10000 bis 12000 kg von Hamburg für Orte östlich von Swinemünde, mit Einschluß der Fracht	3 + 0,60 = 3,60	8,95	Seefracht von Hamburg bis in einen Ostseehafen, durchschnittlich . . . » 1,50 Seefracht für das leere Faß . . . . » 0,80 Überführung d. leeren Fasses in Hamburg vom Schiff zur Tankanlage . . . . . . » 0,50
					Summa M. 9,15
10	Rohbenzol	etwa 18,50 in Kesselwagen von 1000 kg ab Fabrikationsort			Ein Holzfaß von 170 kg Inhalt kostet M. 6. Ein Eisenfaß von 170 kg Inhalt kostet M. 17.
11	Reinbenzol 90 % (Handelsbenzol)	etwa 20,0 in Kesselwagen von 1000 kg ab Fabrikationsort			Die Leihgebühr für ein Eisenfaß beträgt M. 0,5 monatlich, wobei der Käufer (Fischer) die Frachtkosten für Rücksendung des leeren Fasses zu zahlen hat.

Wir machen ausdrücklich darauf aufmerksam, daß die vorstehenden Preisangaben nur den Zweck haben, über den gegenwärtigen Stand einen Überblick zu geben. Starke Schwankungen der Preise aller dort aufgeführten Stoffe fanden bisher statt und werden auch in der Folge nicht ausbleiben.

Abschnitt V.

Die Wettbewerbsmotoren.

Der Stand der Entwicklung.

Das Preisausschreiben des Deutschen Seefischerei-Vereins wurde im August 1908 erlassen. Die letzte Preismotor-Schlußprüfung fand im Mai 1911 statt. Die Preisarbeiten und -prüfungen umfassen also einen Zeitraum von fast drei Jahren.

Als die beteiligten Fabriken, angeregt durch das Preisausschreiben, zum Bau schwerer Motoren für die Verwendung in Seefischereifahrzeugen und -booten übergingen, besaßen sie großenteils keine geeigneten Konstruktionen. Sie mußten neue Konstruktionen aufnehmen. Dies bedingte der Reihe nach die Anfertigung neuer Entwürfe und Werkstattzeichnungen, die Beschaffung neuer Werkstatteinrichtungen und die Ausführung eingehender Vorversuche auf den Probierständen. Ferner war die Schraube und ihre Verbindung mit dem Motor zu beschaffen. Endlich war für jeden Motor ein geeignetes Fahrzeug zu finden und der Einbau von Motor und Schraube sowie der Verbindungsteile zwischen beiden auszuführen. Erwägt man, daß dem Einbau eine einjährige Prüfung im Betriebe auf See folgte, so erscheint die zur Durchführung der Forderungen aufgewendete Zeit nicht groß. Anderseits wird aber klar, daß alle Motoren, welche im Wettbewerb gelaufen sind, insofern Versuchsmaschinen waren, als sich erst durch die Erprobung auf See die von den Fischern gewünschten Änderungen und Verbesserungen ergeben konnten.

Der Bau schwerer Motoren für den Dienst auf See und auf dem Wasser überhaupt hat in Deutschland seit dem August 1908 große Fortschritte gemacht. Wir stehen aber erst am Beginn der Neuerungen auf dem Gebiet der Schiffsmaschinen. Diese Neuerungen sind, soweit sie den Motorkleinbetrieb auf See angehen, durch das

Preisausschreiben des Deutschen Seefischerei-Vereins wesentlich beeinflußt worden.

In deutschen Seefischereifahrzeugen und -booten lief im Jahre
1908 bereits eine größere Zahl von Motoren; sie waren mit wenigen
Ausnahmen dänischen Ursprungs. Die dänischen Glühhauben-
Viertaktsysteme hatten sich an den deutschen Küsten eingebürgert.
Daneben fand man vereinzelt die schwedischen Glühhauben-Zwei-
taktsysteme. Hierin wird ein hauptsächlicher Grund dafür zu
suchen sein, daß die an dem Wettbewerb beteiligten deutschen Fabriken mit einer Ausnahme die Herstellung von Glühhaubenmotoren
aufnahmen. Diese Ausnahme ist der Bronsmotor, den man seinem
System nach als zwischen dem Glühhauben- und dem Gleichdruck-
motor liegend bezeichnen kann.

Von den Glühhaubensystemen läßt sich feststellen, daß sie
ihrer Einfachheit wegen für See- und Küstenfischereifahrzeuge gut
geeignet sind, daß sie aber folgende Mängel aufweisen:

1. Zeitverlust von 10 bis 20 Minuten bei Inbetriebsetzung
   durch das Anheizen mit der Blaselampe.
2. Leichte Möglichkeit des Erkaltens der Glühhauben bei halber
   Last und Leerlauf.
3. Explosions- und Feuersgefahr durch den Blaselampenbetrieb
   unter Deck.

Ferner sind die Glühhaubensysteme nicht weiter entwicklungs-
fähig. Insbesondere kann man die bei den dänischen Viertakt-
systemen in neuester Zeit verwendete doppelte Einspritzung als eine
Weiterentwicklung nicht bezeichnen, wie das nachfolgende Ergebnis
eines von dem Deutschen Seefischerei-Verein gemachten Versuches
beweist. Ein 6 pferdiger dänischer Viertakt-Petroleummotor leistete
auf dem Probierstand:

	Mit einfacher Einspritzung	Mit doppelter Einspritzung, bei der die zweite unter der ersten angebracht war
Umdrehungen in der Minute .	440	440
Höchstleistung in Bremspferde-stärken	8,93	10,5
Brennstoffverbrauch für die PS$_e$ und Stunde	446 g	636 g

Nachdem der Motor 10 Minuten lang mit doppelter Einspritzung
gelaufen war, brachten ihn schnell fortschreitende Frühzündungen
zum Stillstand.

Der Bronsmotor ist schwer, groß und komplizierter als der Glühhaubenmotor. Sein Gebiet reicht von 6 bis 32 PS. Seine Vorteile den Glühhaubensystemen gegenüber liegen in der für die See- und Küstenfischereibetriebe wichtigen steten Gebrauchsbereitschaft und in den geringeren Brennstoffkosten, wenn Rohöl verwendet wird. Die stark im Fluß befindliche Entwicklung des Schiffs- und Bootsmotorbaues geht auf die Gleichdrucksysteme hin, unter denen das Dieselsystem zurzeit in erster Reihe steht.

Der Versuch, den Dieselmotor in den Kleinbetrieb der deutschen See- und Küstenfischerei einzuführen, ist bereits vorbereitet worden. Im Juni 1910 wurde ein Dieselmotor von 5 PS für Landgebrauch auf Veranlassung des Deutschen Seefischerei-Vereins auf dem Probierstande geprüft. Dabei wurde seine grundsätzliche Brauchbarkeit für den Seefischereibetrieb festgestellt. Der Motor hielt einen achtstündigen Dauerbetrieb anstandslos aus, war bei den verschiedensten Belastungen brauchbar und hatte einen Brennstoffverbrauch von etwa 250 g für die PS_e und Stunde. Es fehlt nur die für die Einführung in die Seefischerei geeignete Bauart durch geeignete Fabriken.

Bau und Wirkung der Motoren im allgemeinen.

Die Bewegungsvorrichtungen: den Zylinder, den Kolben, die Kurbel- und Schraubenwelle, die Schiffsschraube, hat der Motor mit der Dampfmaschine gemein.

Die grundsätzliche Verschiedenheit zwischen Dampfmaschine und Motor liegt in der Triebkraft und ihrer Herstellung.

Der Dampfmaschine wird die Triebkraft, der Dampf, in dem Kessel erzeugt und von diesem dem Kolben zugeführt. Die Triebkraft des Motors wird ohne Kessel und Dampf dadurch erzeugt, daß ein Gemisch von Öldämpfen und atmosphärischer Luft über dem Kolben verdichtet und zur Explosion gebracht wird.

Die Arbeit.

V_0 bezeichnet das Gesamtvolumen des Zylinders,

V_h das Hubvolumen des Motors oder das Volumen, welches vom Kolben bestrichen wird,

V_c das Volumen des Verdichtungsraumes oder das Volumen. welches der Kolben in seiner höchsten Lage noch freiläßt.

Dann ist:
$$V_0 = V_h + V_c,$$

und der Verdichtungsgrad $e = \dfrac{V_0}{V_c}.$

Je höher verdichtet wird, um so höher erwärmt sich das Gemisch vor der Zündung, weil die Verdichtung zu einer erheblichen Temperatursteigerung der eingeschlossenen Ladung führt. Durch zu hohe Verdichtung können Frühzündungen und heftige Kolbenstöße entstehen. Der Enddruck der Verdichtung darf bei Petroleummotoren nicht höher als etwa 4, bei Rohölmotoren nicht höher als etwa 7 Atm. sein. Dementsprechend ist der Verdichtungsraum zu bemessen.

Der Viertakt,
schematisch dargestellt in Fig. 1.

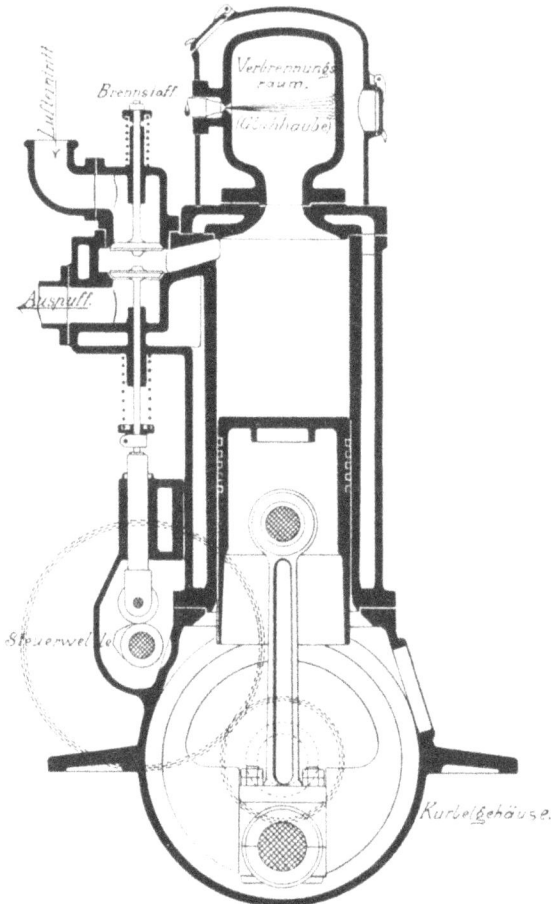

Figur 1. Schematische Darstellung eines Viertaktmotors.

Mit jedem vierten Kolbenhub oder mit jeder zweiten Umdrehung wird in den Zylinder eine Mischung von Brennstoffdämpfen und atmosphärischer Luft eingeführt. Diese Mischung explodiert nach der Verdichtung über dem Kolben und treibt diesen abwärts. Nun liefert das auf der Kurbelwelle sitzende Schwungrad die Arbeit für die drei folgenden Kolbenhübe. Dann tritt wieder eine Explosion ein. Der Motor arbeitet demnach im Viertakt, d. h. mit einem Krafthub auf vier Takte oder Hübe, in folgender Weise:

E r s t e r H u b , A n s a u g e h u b : Der Kolben macht eine Abwärtsbewegung und saugt Luft durch das Einlaßventil an. Gleichzeitig wird Brennstoff eingespritzt, der zu Dampf wird. Ist der Kolben unten angelangt, so schließt sich das Einlaßventil.

Z w e i t e r H u b , V e r d i c h t u n g s h u b : Durch Aufwärtsbewegung des Kolbens wird die Dampf- und Luftmischung auf das Volumen des Verdichtungsraumes verdichtet.

D r i t t e r H u b , A u s d e h n u n g s - o d e r A r b e i t s h u b : Die Mischung wird entzündet und der Kolben durch die Explosion arbeitverrichtend abwärts getrieben. Wenn der Kolben fast seine niedrigste Stellung erreicht hat, beginnt die Ausströmung durch das Ausströmungsventil.

V i e r t e r H u b , A u s p u f f h u b : Das Ausströmen hält an, bis der Kolben fast seinen höchsten Stand wieder erreicht hat. Die Verbrennungsrückstände werden dadurch aus dem Zylinder entfernt. Darauf beginnt der beschriebene Vorgang von neuem.

Der Zweitakt,
schematisch dargestellt in Fig. 2.

Mit jedem zweiten Kolbenhub oder mit jeder Umdrehung wird in den Zylinder eine Mischung von Brennstoffdämpfen und atmosphärischer Luft eingeführt. Diese Mischung explodiert nach der Verdichtung über dem Kolben und treibt diesen abwärts. Nun liefert das auf der Kurbelwelle sitzende Schwungrad die Arbeit für den folgenden Kolbenhub. Dann tritt wieder eine Explosion ein.

Der Motor arbeitet demnach im Zweitakt, d. h. mit einem Krafthub auf zwei Takte oder Hübe, in folgender Weise:

E r s t e r H u b , A u s d e h n u n g s - o d e r A r b e i t s h u b : Die Mischung wird entzündet, der Kolben durch die Explosion arbeitverrichtend abwärts getrieben. Darauf wird am Ende dieses und Anfang des nächsten Hubes Spülluft und Brennstoff eingepumpt.

Zweiter Hub oder Verdichtungshub: Durch Aufwärtsbewegung des Kolbens wird die Dampf- und Luftmischung
auf das Volumen des Verdichtungsraumes verdichtet.

Alsdann beginnt der beschriebene Vorgang von neuem.

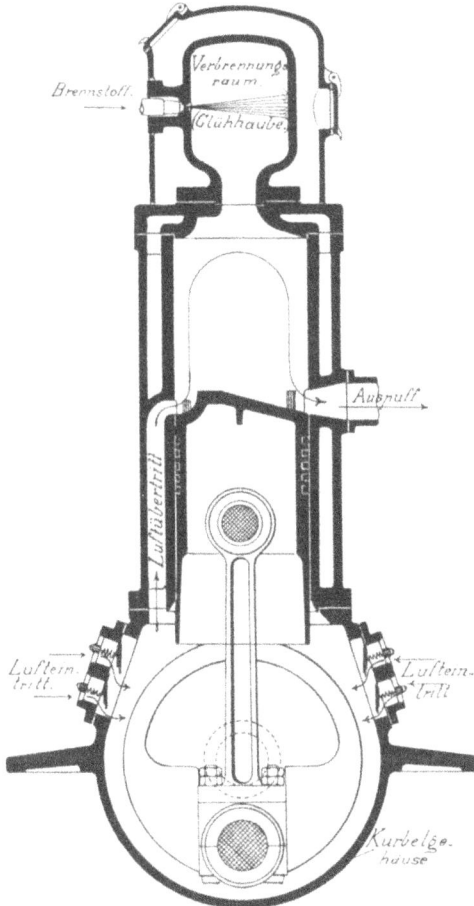

Figur 2. Schematische Darstellung eines Zweitaktmotors.

Vorzüge und Nachteile des Viertaktes und des Zweitaktes.

1. Der Viertakt muß mit Ventilen versehen sein. Der Zweitakt
kann ohne Ventile, allein mit Ein- und Ausströmungsschlitzen im
Zylinder, die vom Kolben gesteuert werden, arbeiten.

2. Der Viertaktmotor ist somit komplizierter im Bau, und
arbeitet geräuschvoller als der ventillose Zweitaktmotor.

3. Der Viertaktmotor ist bei gegebener Kraftleistung größer und um etwa ein Viertel schwerer als der Zweitaktmotor.

4. Der Zweitaktmotor springt leichter an beim Andrehen und hat einen gleichmäßigeren Gang als der Viertaktmotor.

5. Beim Viertakt-Glühhaubenmotor neigt die Haube wegen der langsameren Folge der Zündungen bei Leerlauf eher zum Erkalten, bei Höchstlast aber auch weniger zur Überhitzung als beim entsprechenden Zweitaktmotor.

6. Der Zweitaktmotor bedarf einer Spülluftpumpe, der Viertaktmotor nicht. Die Verwendung des Kurbelgehäuses als Pumpenraum und des Arbeitstriebwerks gleichzeitig als Pumpentriebwerk gibt die einfachste Form der Spülluftpumpe, die bei Zweitakt-Kleinmotoren in der Regel verwendet wird.

Die einzelnen Teile und ihre Wichtigkeit.

Die Hauptteile einer Motoranlage sind:

> Zylinder,
> Kolben mit Kolbenbolzen,
> Treibstange mit Lagern,
> Kurbelgehäuse und Rahmen,
> Kurbelwelle,
> Wellenlager,
> Zündvorrichtung,
> Regler,
> Schmierung,
> Kühlung,
> Kuppelung,
> Umsteuerung,
> Schraube.

Der Zylinder

aus Gußeisen ist mit dem Kurbelgehäuse verbolzt. Er ist doppelwandig, weil er durch Umlaufwasser gekühlt werden muß.

Der Kolben

wird durch umgelegte federnde Ringe an den Zylinderwänden gedichtet. Er steuert bei dem Zweitaktmotor die Spülluft und Auspuffgase.

Der Rahmen

muß mit der Unterlage im Schiff (Bettung) gut und fest verbolzt werden.

Die Kurbelwelle.

Die Kurbeln können bei Zweizylindermotoren gleichgerichtet oder um 180 Grad versetzt sein. Jede Anordnung hat ihre Vorteile. Einzylindermotoren sollte man nicht stärker als 15 PS_e bauen.

Die Wellenlager.

Sorgfältig aufgepaßte Flächen und genaue Übereinstimmung der Lagermittel bei dem Einbau sind von Bedeutung.

Die Zündvorrichtung.

Hier kommt nur die Glühhaubenzündung und die Verdichtungszündung in Frage. Die elektrische Zündung bleibt ausgeschlossen.

Zum Betrieb der Glühhaubenmotoren werden auf deutschen Fahrzeugen und Booten vielfach schwedische[1]) Lampen von der Art der in Fig. 3 dargestellten benutzt.

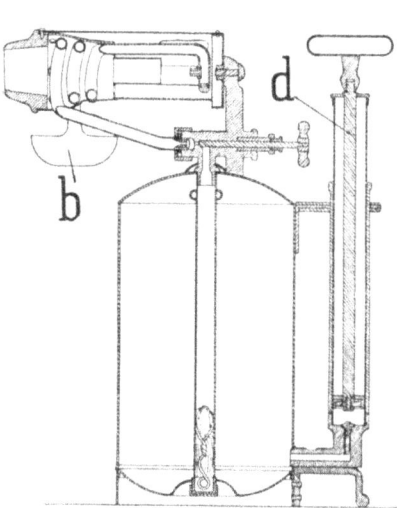

Blaselampe »Petrolia«.   Figur 3.   Blaselampe »Vesuvius«.

Die Abhitze der Flamme wird dazu verwendet, im Innern des Brennerrohres, vor der Mündung, Dampf aus Petroleum zu bilden. Luftdruck im Behälter drängt das flüssige Petroleum zurück. Es

---

[1]) Deutsche Lampen sind nicht schlechter, aber billiger.

entweicht daher Petroleumdampf aus der Mündung. Die Flamme bildet sich erst in einem gewissen Abstande von der Mündung, nach der Mischung des Dampfes mit Luft. Bei Ingangsetzung der Lampe ist das Folgende zu tun:

1. Man füllt sie mit Petroleum durch das Fülloch *a*, das man dann wieder luftdicht verschraubt.

2. Man füllt die Schale *b* bis zum Rand mit denaturiertem Spiritus. (Man kann auch Petroleum an Stelle des Spiritus in die Schale gießen. Dann muß man aber Docht in die Schale legen, weil ohne diesen die Füllung nicht brennt.)

3. Man zündet den Spiritus in der Schale an.

4. Wenn der Spiritus in der Schale nahezu ausgebrannt ist, aber nicht früher, schließt man das Ventil *c* und pumpt in der Weise, daß man die Pumpenstange *d* bei jedem Hub herauszieht und dann kräftig einschiebt, bis das Ausströmen des Petroleumdampfes durch ein sausendes Geräusch erkennbar wird.

Inzwischen hat man die Heizflamme angezündet.

5. Wenn der Spiritus in der Schale ausgebrannt ist, verstärkt man die Flamme durch vermehrtes starkes Pumpen.

6. Eine Verkleinerung der Flamme bewirkt man durch das Ventil *c*, durch welches man so viel von der eingepumpten Luft entweichen läßt, als nötig ist. Darauf schließt man das Ventil schnell wieder ab.

7. Will man die Lampe löschen, so öffnet man das Ventil *c* und läßt es offen stehen.

8. Solange die Lampe nicht benutzt wird, muß das Ventil *c* offen sein und die Pumpenstange darf nicht bewegt werden.

9. Verlöscht die Lampe im Betrieb und wird der Druck nicht beseitigt, so strömen explosionsgefährliche Dämpfe aus. D i e L a m p e m u ß d a h e r b e w a c h t w e r d e n , s o l a n g e s i e u n t e r D e c k b r e n n t.

10. Die Regulierung der Heizflamme geschieht also durch die Pumpe und das Ventil; d. h. die Flamme wird vergrößert durch das Pumpen, sie wird kleiner in dem Verhältnis, in welchem das Ventil mehr oder weniger geöffnet oder geschlossen wird.

11. Bleibt die Flamme trotz reichlichen Petroleumvorrats im Behälter klein, so muß das Mündungsloch *e* mit einem Reinigungsdraht gereinigt werden. Ein Streichholz muß bereit sein und die Flamme muß sofort wieder angezündet werden, wenn sie während der Reinigung erlischt.

12. Steigt und sinkt die Flamme schnell, so ist zu wenig Petroleum im Behälter. Dies darf nicht vorkommen, denn sonst verlöscht die Flamme. Ist sie verlöscht, so entweicht Dampf durch das Mundstück. Um dies zu verhindern, muß das Ventil c schnell geöffnet werden.

Bei Motoren mit Verdichtungszündung tritt die Zündung des Gemisches aus Brennstoffdämpfen und Luft von etwa 27 Atm. Druck ab ein. Zur Erläuterung ist weiteres nicht anzuführen.

Der Regler.

Der Regler, dessen Zweck die selbsttätige Begrenzung der Umdrehungsgeschwindigkeit ist, wird nach dem Fliehkraftgrundsatz von verschiedenen Fabriken verschieden ausgeführt.

Die Schmierung.

Schmierapparate liefert die deutsche Industrie in größter Auswahl. Für die Motoren in See- und Küstenfischereifahrzeugen sind nur gründlich erprobte, zuverlässige und einfache Systeme zulässig.

Die Kühlung.

Die nach den Angaben auf S. 42 nötige Kühlung des Zylinders erfolgt durch eine einfache Saug- und Druckpumpe, welche das Wasser von außenbords ansaugt.

Die Umsteuerung.

Die Umsteuerung eines Motors, d. h. seine Umstellung von Vorwärts- auf Rückwärtsgang und umgekehrt, kann erfolgen:

a) durch die Verstellung der Zündung, indem der Kolben, nachdem er einen Teil seines Weges aufwärts gemacht hat, durch absichtlich eingeleitete Frühzündung zurückgeworfen wird,

b) durch Druckluft, in Verbindung mit umsteuerbaren Steuerungsorganen direkt am Motor,

c) durch Anbringung eines Wendegetriebes auf der Schraubenwelle,

d) durch Drehung der Schraubenflügel.

Wir haben es hier nur mit der Einrichtung unter d) zu tun.

Die Kuppelung.

Die Kurbelwelle wird mit der Heckwelle durch eine lösbare Kuppelung verbunden.

Soll die Triebkraft der Schiffschraube außer Wirkung gesetzt werden, so kann man:

a) die Schraubenflügel auf Nullstellung bringen und die Schraube weiter laufen lassen, oder

b) die Schraube abkuppeln, indem man die Kuppelung löst und den Motor leer laufen läßt.

Die Kuppelung muß sorgfältig konstruiert und ausgeführt sein. Eine gute Reibungskuppelung wird sich in der Regel am besten bewähren.

Die Schraube.

Unter sonst gleichen Umständen ist die Leistung eines Motors dem Produkt der Umdrehungszahl der Schraube und dem Zylinderinhalt verhältnisgleich. Also:

Große Zylinder: geringe Umdrehungszahl.

Kleine Zylinder: große Umdrehungszahl.

Form, Durchmesser und Steigung der Schraube, sowie die Form des Hinterschiffes sind für die Kraftwirkung auf das Fahrzeug wichtig.

Nur wenn man hier alle Einflüsse sorgfältig gegeneinander abwägt, wird man einen guten Wirkungsgrad bei der Anlage erzielen.

Für die bei Seefischereifahrzeugen und -booten zulässigen Umdrehungszahlen der Schraube in der Minute können die folgenden Angaben als Anhalt dienen:

PS_e	Zahl der Umdrehungen kleiner, höchstens gleich
2	500—550
3	500
4	450—500
5	450
6	400—450
7	400—450
8	400
10	400
12	350—400
16	350—400
20	300—350
24	300—350
28	300
32	300

Die Beschreibung und Darstellung der Wettbewerbsmotoren.

Zweitakt-Petroleummotor von 8 PS. der Maschinenbau-Aktiengesellschaft vormals Ph. Swiderski zu Leipzig-Plagwitz, eingebaut in die Quase »Willi« des Fischers Voß zu Laboe.

Nr. 1 des Verzeichnisses auf S. 20.

Da dieser Motor von dem später folgenden 6 PS-Rohölmotor sehr wenig abweicht, wurde von seiner besonderen Behandlung abgesehen.

Zahl der Zylinder	1
Zylinderdurchmesser	190 mm
Kolbenhub	220 mm
Umläufe in der Minute	344
Gebrauchsleistung	8,0 PS
Länge der ganzen Anlage:	
a) bis zur Kuppelung	1100 mm
b) bis zur Umsteuerung	1600 »
c) mit Riemenscheiben für Windenbetrieb. . .	2250 »
Breite	650 »
Höhe des Motors mit Schwungrad bis Oberkante Glühhaube	1350 »
Durchmesser der Schraube	800 »
Durchmesser der Heckwelle	45 »
Außendurchmesser des Stevenrohres .	65 »
Gewicht ohne Schwungrad mit Kupplungshälften	765 kg
Gewicht des Schwungrades	180 »
Gewicht der ganzen Anlage mit Kupplung, Umsteuerung mit Zubehör, Heckwelle, Stevenrohr mit Zubehör, Schraube mit Zubehör, Fundamentteilen, Rohrleitungen und gefülltem Brennstoffbehälter mit 125 l Inhalt	1261 »

Gewicht des Motors mit Schwungrad = 945 kg, geteilt durch die normale Pferdestärke = 8; also $\dfrac{945}{8}$ = . . . 118,1 kg

U m s t e u e r u n g: Umsteuerbare Schraube nach dem
System von Karl Meißner in Hamburg.

B r e n n s t o f f: Lampenpetroleum.

B r e n n s t o f f v e r b r a u c h f ü r d i e e f f e k t i v e
P f e r d e k r a f t u n d S t u n d e

    a) bei Vollast . . . .   370 g

    b) bei Halblast . . . .   604 »

    c) bei Leerlauf . . . .   1566 »

S c h m i e r ö l v e r b r a u c h f ü r d i e P f e r d e k r a f t
u n d S t u n d e . . . .   65 »

Zweitakt-Rohölmotor von 6 PS₀ der Maschinenbau-Aktiengesellschaft
vormals Ph. Swiderski zu Leipzig-Plagwitz, eingebaut in die Quase
»Ida« des Fischers Preis zu Eckernförde.

Nummer 2 des Verzeichnisses auf S. 20.

Der Motor erhielt den zweiten Preis der ersten Klasse von
6000 M.; siehe S. 22.

Er ist dargestellt in Figur 4, 5, 6 und 7.

Z a h l d e r Z y l i n d e r   1

Z y l i n d e r d u r c h m e s s e r . . . .   180 mm

K o l b e n h u b . . . .   210 »

U m l ä u f e i n d e r M i n u t e   375

G e b r a u c h s l e i s t u n g . . . .   6 PS

H ö c h s t l e i s t u n g . . . .   9,08 PS

L ä n g e d e r g a n z e n A n l a g e

    a) bis zur Kuppelung . . . .   1100 mm

    b) bis zur Umsteuerung . . . .   1600 »

    c) mit Riemenscheibe für Windenantrieb . . .   2250 »

B r e i t e . . . .   630 »

H ö h e v o n d e r U n t e r k a n t e S c h w u n g r a d
b i s z u r O b e r k a n t e G l ü h h a u b e . .   1300 »

D u r c h m e s s e r d e r S c h r a u b e . . . .   780 »

D u r c h m e s s e r d e r H e c k w e l l e . . . .   45 »

A u ß e n d u r c h m e s s e r d e s S t e v e n r o h r e s .   65 »

G e w i c h t d e s M o t o r s o h n e S c h w u n g r a d
m i t K u p p e l u n g s h ä l f t e n . . . . . .   500 kg

G e w i c h t d e s S c h w u n g r a d e s . . . .   168 »

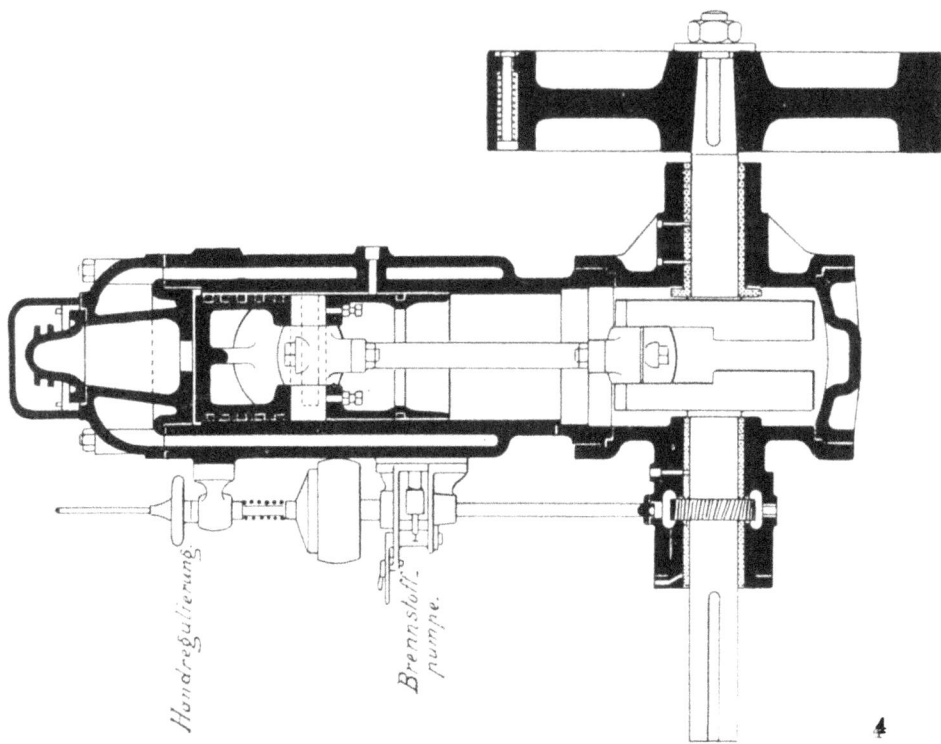

Figur 4. Längenschnitt des 6 PS-Rohöl-Swiderskimotors. — Der neben Figur 5
stehende Maßstab gilt auch hier

Hanaregulierung

Brennstoff-
pumpe.

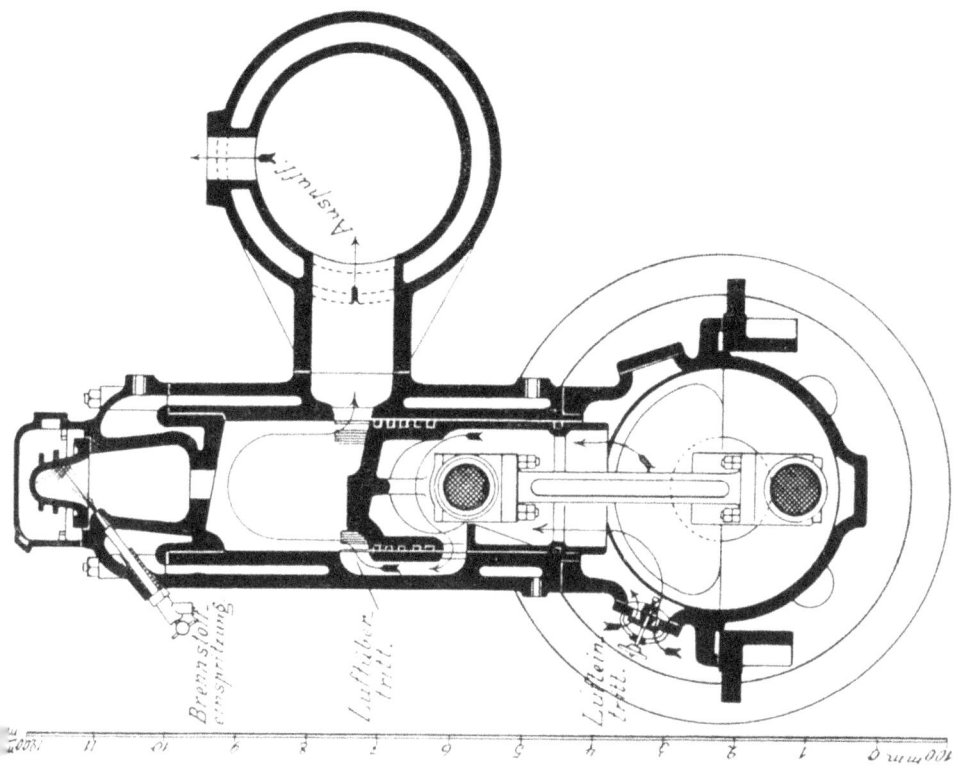

Figur 5. Schnitt quer zur Achse des 6 PS-Rohöl-Swiderskimotors.

Auspuff.

Brennstoff-
einspritzung

Luftfilter.
(Eintr.)

Lufteintr.
(Eintr.)

100 mm 0

4

G e w i c h t d e r g a n z e n A n l a g e m i t K u p p e -
     l u n g, U m s t e u e r u n g m i t Z u b e h ö r,
     H e c k w e l l e, S t e v e n r o h r m i t Z u b e -
     h ö r, F u n d a m e n t t e i l e n, R o h r l e i -
     t u n g e n u n d g e f ü l l t e m B r e n n s t o f f -
     b e h ä l t e r m i t 125 l I n h a l t . . . . . .   950 kg
G e w i c h t d e s M o t o r s m i t S c h w u n g r a d =
     668 kg, g e t e i l t d u r c h d i e n o r m a l e

P f e r d e s t ä r k e = 6; a l s o $\dfrac{668}{6}$ = ...   111,3 »

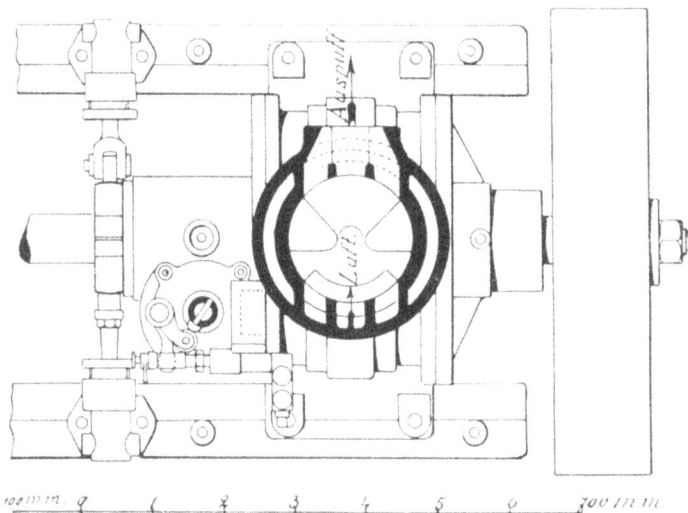

Figur 6. Oberansicht des 6 I'S-Rohöl-Swiderskimotors.

U m s t e u e r u n g: Umsteuerbare Schraube nach System
     Meißner in Hamburg.
B r e n n s t o f f: Rohöl der Deutschen Öl-Importgesell-
     schaft zu Hamburg.
B r e n n s t o f f v e r b r a u c h f ü r d i e e f f e k t i v e
     P f e r d e k r a f t u n d S t u n d e
       a) bei Vollast . . . .   386 g
       b) bei Halblast . . . .   636 »
       c) bei Leerlauf . . . . 1720 »
S c h m i e r ö l v e r b r a u c h f ü r d i e P f e r d e k r a f t
     u n d S t u n d e . . . .   44 »

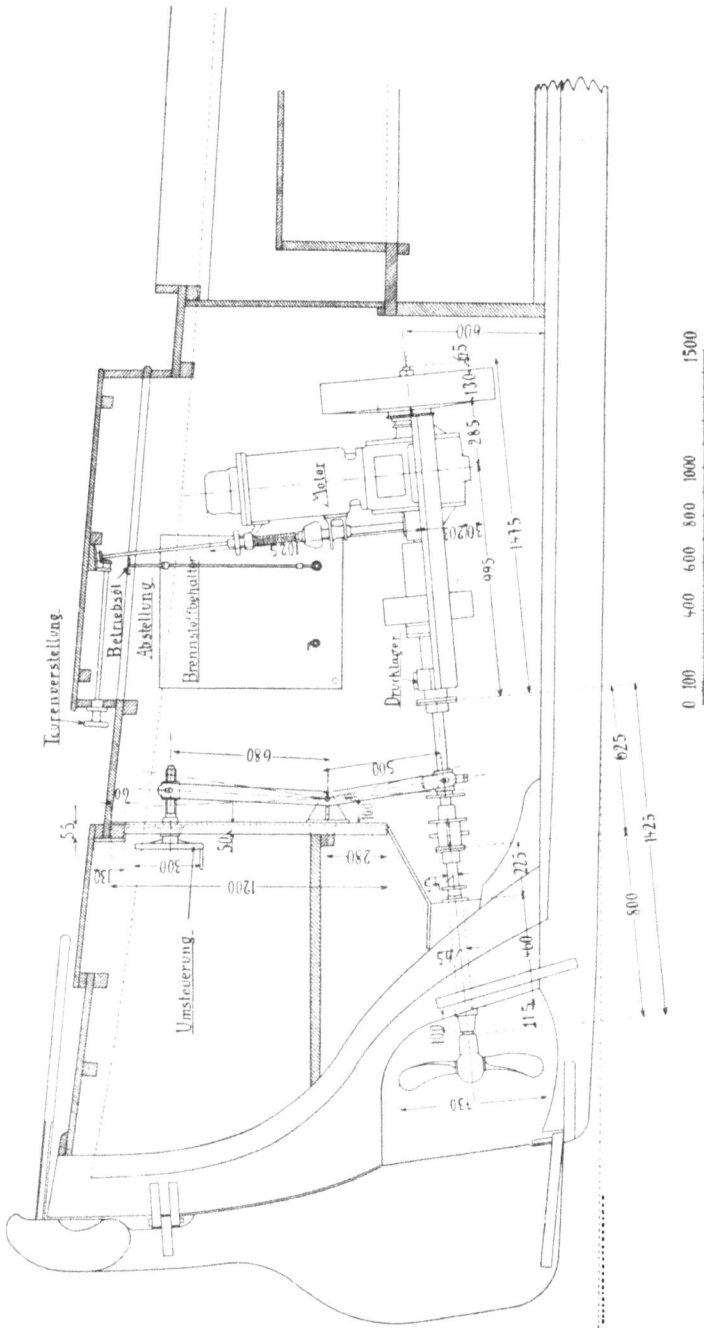

Figur 7. Einbauzeichnung des 6 PS-Rohöl Swiderskimotors.

Der Motor hat keine Steuerungsventile. Das Kurbelgehäuse
dient als Spülluftpumpe und hat für den Lufteinlaß besondere
Ventile. Das Auslaßorgan der Pumpe ist ein Schlitz in der Zylinderwand, der durch den Arbeitskolben geöffnet und geschlossen wird.

Die E i n s p r i t z u n g erfolgt durch eine Brennstoffpumpe
und eine Brennstoffdüse.

Die Z ü n d u n g geschieht durch die Glühhaube. Diese muß
zu dem Zweck rotbraunglühend sein. Sie soll in diesem Zustand
erhalten werden, nachdem sie durch die Blaselampe ange-
heizt ist.

D e r R e g l e r für die selbsttätige Beeinflussung der Umlauf-
zahl ist auf einer von der Kurbelwelle angetriebenen, senkrechten
Welle angeordnet. Er wirkt durch Fliehkraft unter Benutzung von
Schwingpendeln, die durch Federn im Gleichgewicht gehalten werden.
Der durch die Pendel erzeugte Hub einer auf- und niedergehenden
Muffe wird durch geeignete Vorrichtungen auf die Brennstoffpumpe
übertragen, deren Hub dadurch veränderlich ist. Durch Veränderung der Fliehkraft mittels des oben auf dem Regler sitzenden
Handrades kann die Umlaufzahl des Motors in geringen Grenzen
verändert werden. Außerdem ist eine Veränderung der Umlaufzahl in weiten Grenzen durch Handeinstellung der Brennstoffpumpe
möglich. Diese Handregelung kann auch von Deck aus betätigt
werden.

D i e S c h m i e r u n g erfolgt durch einen vom Motor betriebenen
Druckschmierapparat. Derselbe umfaßt zu einem zusammenhän-
genden Ganzen eine der Zahl der Schmierstellen entsprechende
Anzahl von Druckpumpen, denen das Öl aus einem gemeinsamen
Behälter zufließt. Der Zufluß kann durch Schaugläser beaufsichtigt
werden und ist durch Ventile zu regeln, die von Hand verstellt
werden.

Die Lager werden reichlich, die Zylinder aber nur mäßig ge-
schmiert.

Zur Umsteuerung der Schiffsschraubenkraft dient die Drehflügelschraube von Meißner in Hamburg, welche in Figur 8 dargestellt ist. Der auf die Schraube wirkende Wasserdruck verteilt
sich auf die beiden Steuerspindeln. Diese endigen in dem
Schraubendrucklager. In der Darstellung ist *A* der Steigungs-
einsteller. *B* ist die Verbindungswelle, welche die Schraube mit
dem Motor in Verbindung bringt, und das Flügeldrucklager mit

Steuerung. *C* ist das Schraubenwellendrucklager. Der
Ausschlag der Flügel wird
durch Einstellmuttern auf
den Steuerspindeln begrenzt.
Dadurch wird eine Ent-
lastung des Druckes auf die
Kurbelzapfen in der Schrau-
bennabe bewirkt. Da Stell-
muttern und Spindeln völlig
frei liegen, läßt sich eine
Vermehrung oder Vermin-
derung der Steigung der
Schraubenflügel während
des Betriebes herstellen. Dadurch ist die Möglichkeit
gegeben, die Kraftleistung
der Schraube, während sie
läuft, zu ändern.

Nach Anheizen
der Glühhaube geschieht
das Anlassen durch Schwing-
bewegungen am Schwung-
rad. Der Motor kann dabei
in der falschen Umlauf-
richtung anspringen. Um
ihn dann auf richtige Be-
wegung umzusteuern, ist die
Brennstoffpumpe anzuhal-
ten und im richtigen Augen-
blick wieder anzustellen.

An Hilfsmaschinen
sind zwei Kolbenpumpen
vorhanden, die von der
Welle mit Exzentern ange-
trieben werden, und von
denen eine als Kühlwasserpumpe, die andere als Schiffslenzpumpe dient.

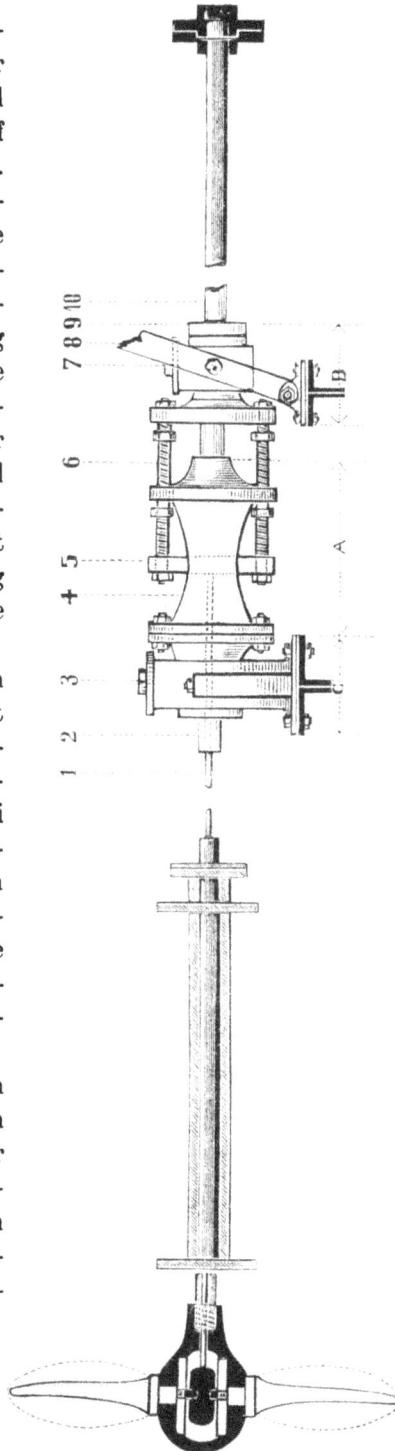

Figur 8. Schraube mit umsteuerbaren Flügeln von Meißner in Hamburg.

1 Schubstange — 2 durchbohrte Welle — 3 Schraubenwellendrucklager — 4 Schiebersteuerung — 5 Schieberbalken — 6 Steuerspindeln mit Einstellmuttern — 7 bis 9 Flügeldrucklager — 10 Massive Welle.

Viertakt-Glühhauben-Petroleummotor von 8 PS, der Kieler Maschinen-bau-Aktiengesellschaft vormals C. Daevel zu Kiel, eingebaut in den Kutter »Bernhardine« des Kapitän Kohnert zu Prevow auf dem Darß.

Nummer 3 des Verzeichnisses auf S. 20.

Der Motor erhielt den dritten Preis der ersten Klasse von 2000 M.; siehe S. 21.

Er ist dargestellt in Figur 9, 10 und 11.

Zahl der Zylinder   2
Zylinderdurchmesser . . . .   165 mm
Kolbenhub . . . .   220 »
Umläufe in der Minute   400
Gebrauchsleistung . . . .   8 PS
Höchstleistung . . . .   9,45 PS
Länge der ganzen Anlage:
      a) bis zur Kuppelung . . . .   1075 mm
      b) bis zur Umsteuerung . . . .   1725 »
      c) mit Riemenscheibe für Windenantrieb . . .   2900 »
Breite . . . .   800 »
Höhe von der Unterkante Schwungrad
      bis zur Oberkante Glühhaube . .   1450 »
Durchmesser der Schraube . . . .   650 »
Durchmesser der Heckwelle . . . .   48 »
Außendurchmesser des Stevenrohres .   60 »
Gewicht des Motors ohne Schwungrad
      mit Kuppelungshälften . . . . . .   814 kg
Gewicht des Schwungrades . . . .   127,5 »
Gewicht der ganzen Anlage mit Kuppe-
      lung, Umsteuerung mit Zubehör,
      Heckwelle, Stevenrohr mit Zube-
      hör, Fundamentteilen, Rohrlei-
      tungen und gefülltem Brennstoff-
      behälter mit 140 l Inhalt . . . . .   1438,5 »
Gewicht des Motors mit Schwungrad =
      941,5 kg, geteilt durch die normale
      Pferdestärke = 8, also $\dfrac{941{,}5}{8}$ = . . .   117,7 »

Umsteuerung: Umsteuerbare Schraube nach Sy-
      stem Daevel.

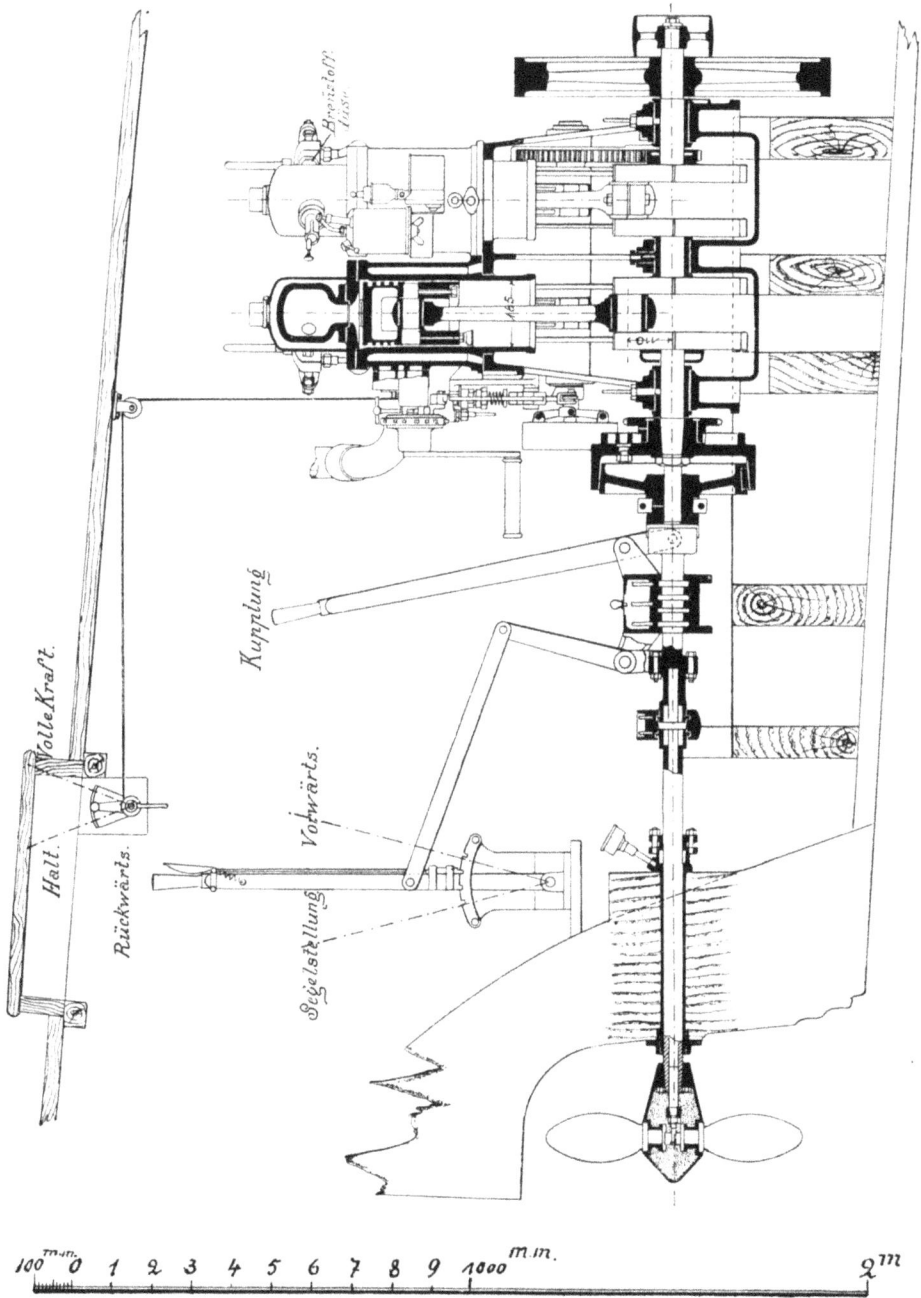

Figur 9. Schnitt durch die Mitte des Hinterschiffes mit dem 8 PS-Petroleum-Daevelmotor.

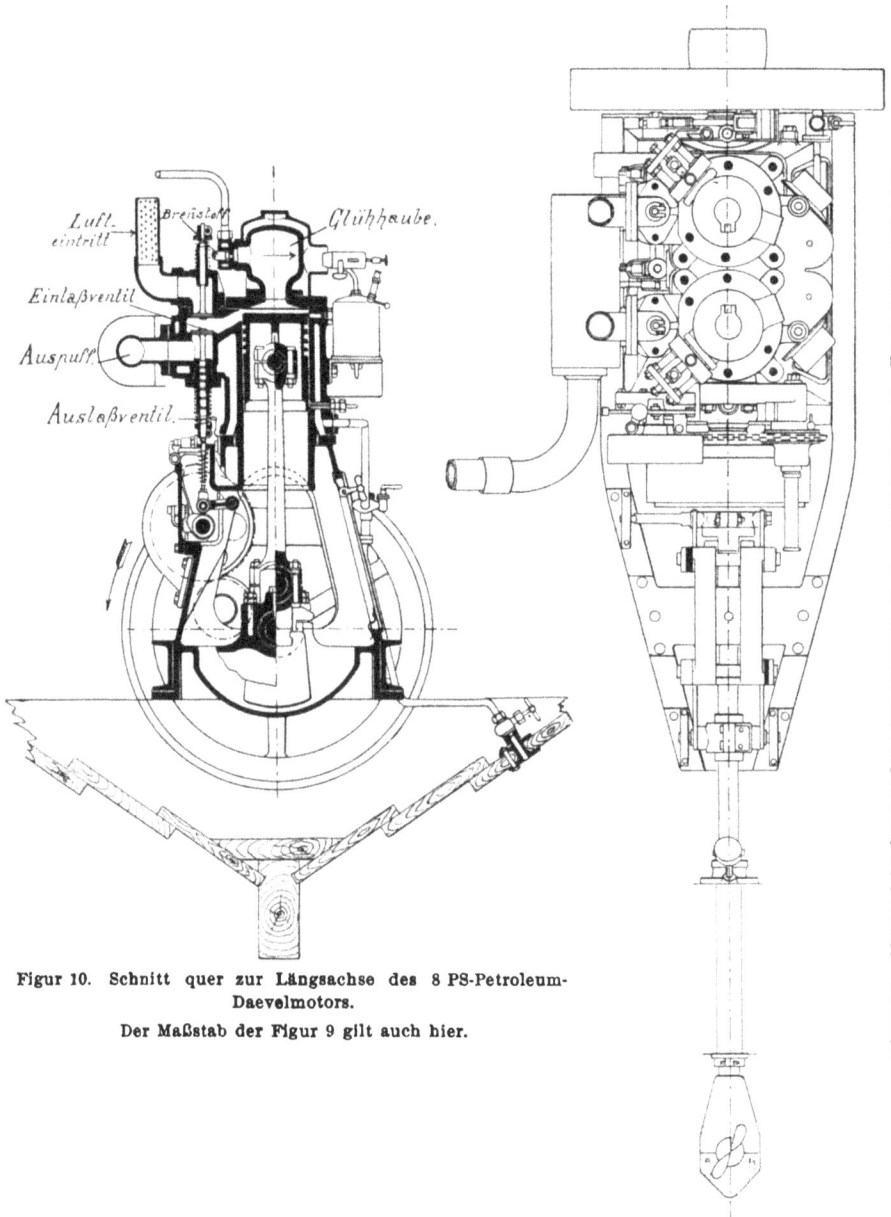

Figur 10. Schnitt quer zur Längsachse des 8 PS-Petroleum-
Daevelmotors.

Der Maßstab der Figur 9 gilt auch hier.

Figur 11. Oberansicht des 8 PS-Petroleum-Daevelmotors. — Der Maßstab der Figur 9 gilt auch hier.

B r e n n s t o f f : Lampenpetroleum.

B r e n n s t o f f v e r b r a u c h   f ü r   d i e   e f f e k t i v e
P f e r d e k r a f t   u n d   S t u n d e :

    a) bei Vollast . . . .   466 g

    b) bei Halblast . . . .   607 »

    c) bei Leerlauf . . . .   2300 »

S c h m i e r ö l v e r b r a u c h   f ü r   d i e   P f e r d e k r a f t
u n d   S t u n d e . . . .   61,9 »

Die E i n s p r i t z u n g und Z ü n d u n g erfolgt in ähnlicher Weise wie bei dem Swiderskimotor; siehe S. 52.

Der M o t o r hat an jedem Zylinder je ein Einlaß- und ein Auslaßventil. Das Einlaßventil ist selbsttätig. Hierdurch wird vermieden, daß das Gemisch durch das Einlaßventil auspufft, wenn der Motor in falscher Richtung anspringt. Dies kann eintreten, wenn das Einlaßventil gesteuert ist. Das Auslaßventil wird von einer besonderen Steuerwelle angetrieben. Diese liegt unten am Kurbelgehäuse, erhält ihre Bewegung durch Zahnräder von der Kurbelwelle aus und läuft mit der halben Umdrehungszahl der Schiffswelle um.

Der R e g l e r sitzt auf der Steuerwelle und wirkt ähnlich wie bei dem Swiderskimotor auf die Brennstoffpumpe ein; siehe S. 52. Außerdem ist Handregelung vorhanden.

Die S c h m i e r u n g für die Lager erfolgt durch Dochtöler der bekannten Art. Die Schmierung der Zylinder wird durch selbsttätige Schmiergefäße mit Kugelrückschlagventilen besorgt.

Zur Umsteuerung der Schiffsschraubenkraft dient die in Figur 12 dargestellte Drehflügelschraube von C. Daevel in Kiel. In der Wirkung gleicht diese Schraube der in Figur 8 dargestellten von Meißner. In der Ausführung besteht ein bemerkenswerter Unterschied darin, daß die Stopfbuchse zur Abdichtung der Verstellstange für die Schraubenflügel fortgelassen ist und durch eine einfache lange Führungsbuchse ersetzt ist.

Nach A n h e i z e n der Glühhaube geschieht das A n l a s s e n durch mehrmaliges Umdrehen des Motors mit Handkurbel. Zur Erleichterung dieser Arbeit gegenüber der entgegenwirkenden Verdichtung wird das Auspuffventil zunächst von Hand gelüftet.

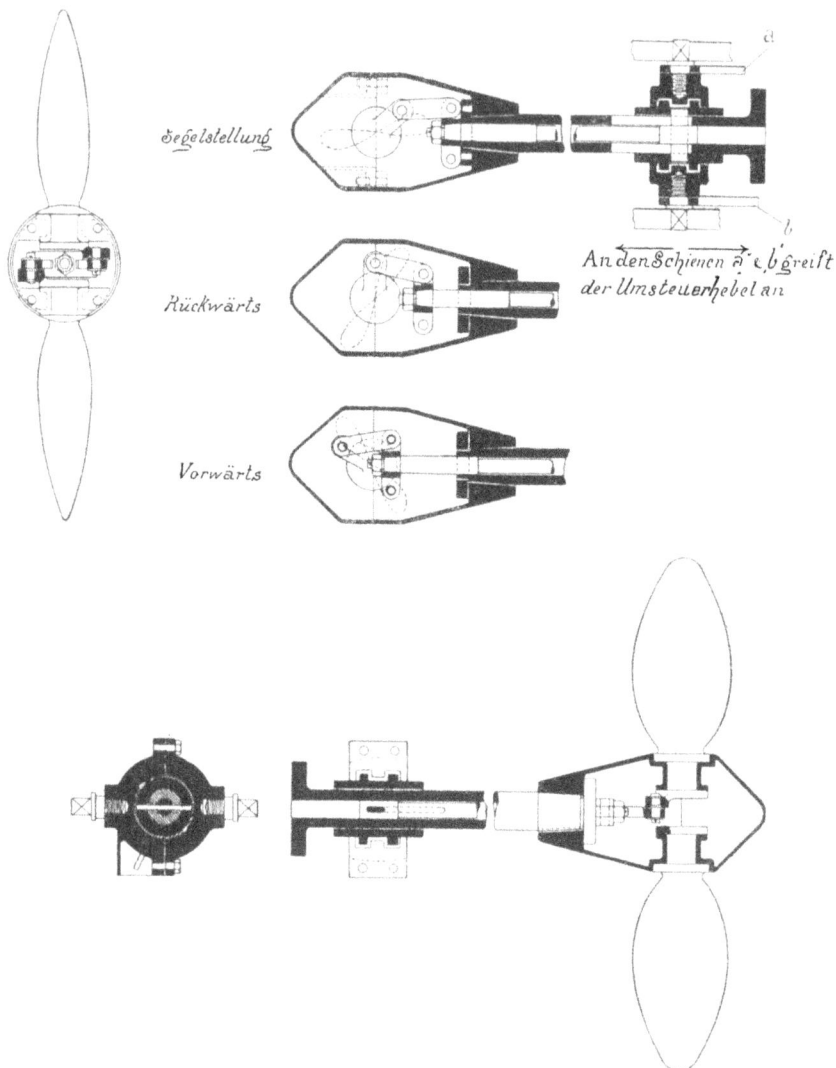

Figur 12. Die Drehflügelschraube der Kieler Maschinenbauaktiengesellschaft vormals C. Daevel in Kiel.

Hilfsmaschinen: Die Kühlwasserpumpe der Zylinder ist eine Kolbenpumpe, angetrieben durch die Steuerwelle.

Außerdem ist auf der Steuerwelle eine Riemenscheibe für den Windenantrieb vorhanden.

Der Antrieb der Zirkulations-Bünpumpe ist fortgefallen. Nähere Angaben darüber finden sich in Abschnitt VII auf Seite 87 bis 91.

Viertakt-Petroleum-Bronsmotor von 8 PS$_e$ der Gasmotorenfabrik Deutz zu Köln-Deutz, eingebaut in den Kutter »Magdalena« des Fischers Grimsmann zu Brunsbüttelerhafen.

Nummer 5 des Verzeichnisses auf S. 20.

Der Motor erhielt den ersten Preis der ersten Klasse von 10 000 M.; siehe S. 21.

Er ist dargestellt in Figur 13, 14, 15, 16, 17, 18, 19, 20, 21 und 22.

Zahl der Zylinder	1
Zylinderdurchmesser	170 mm
Kolbenhub	220 »
Umläufe in der Minute	350
Gebrauchsleistung	8 PS
Höchstleistung	8,14 PS
Länge der ganzen Anlage:	
a) bis zur Kuppelung	1200 mm
b) bis zur Umsteuerung	1500 »
c) mit Riemenscheibe für Windenantrieb	fehlt
Breite	990 »
Höhe von der Unterkante Schwungrad bis zur Oberkante des Überlaufgefäßes	1800 »
Durchmesser der Schraube	640 »
Durchmesser der Heckwelle	50 »
Außendurchmesser des Stevenrohres	75 »
Gewicht des Motors ohne Schwungrad mit Kuppelungshälften	910 kg
Gewicht des Schwungrades	360 »
Gewicht der ganzen Anlage mit Kuppelung, Umsteuerung mit Zubehör, Heckwelle, Stevenrohr mit Zubehör, Fundamentteilen, Rohrleitungen und gefülltem Brennstoffbehälter mit 60 l Inhalt	1600 »

Gewicht des Motors mit Schwungrad = 1270 kg, geteilt durch die normale

$$\text{Pferdestärke} = 8, \text{ also } \frac{1270}{8} = \quad \dots \quad 158,7 \text{ »}$$

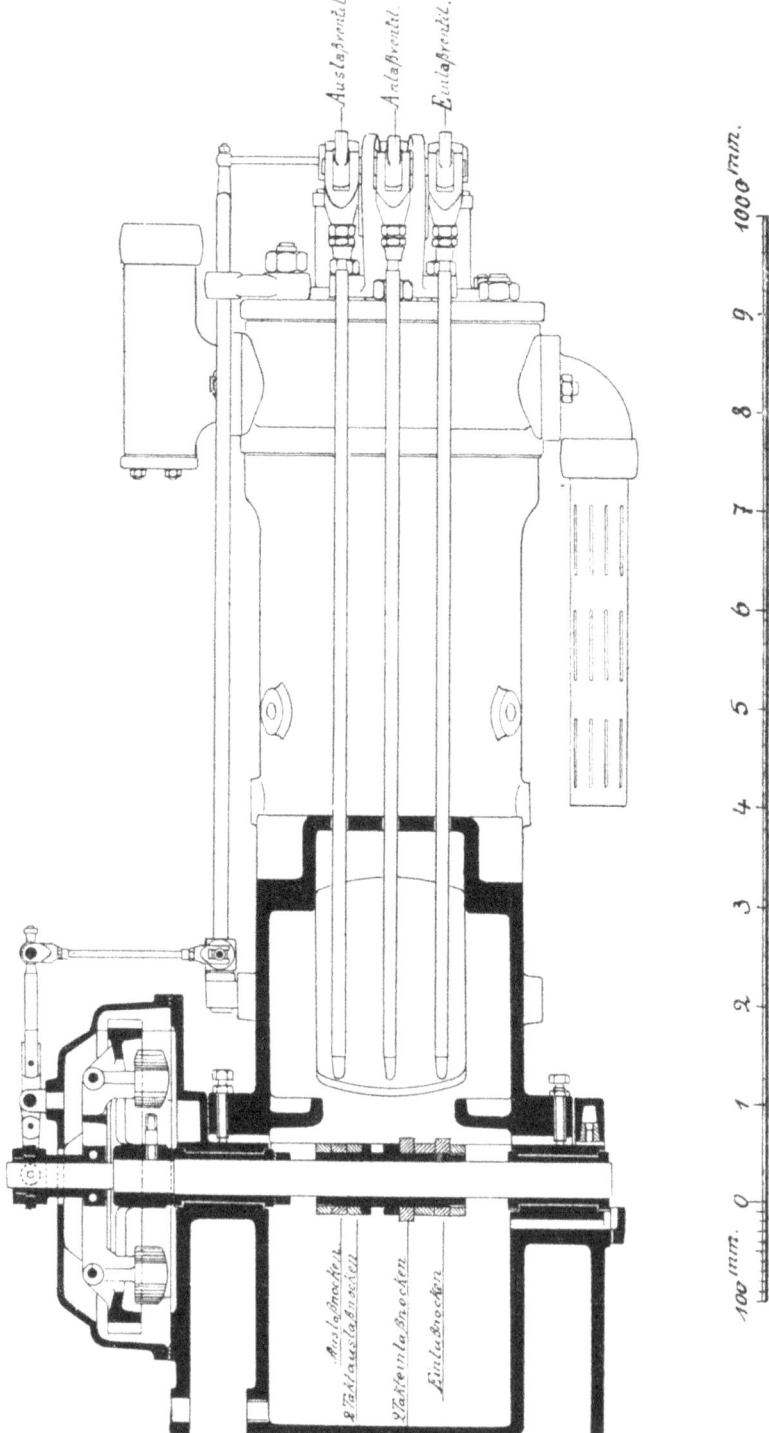

Figur 13. Längenschnitt des 8 PS-Petroleum-Bronsmotors.

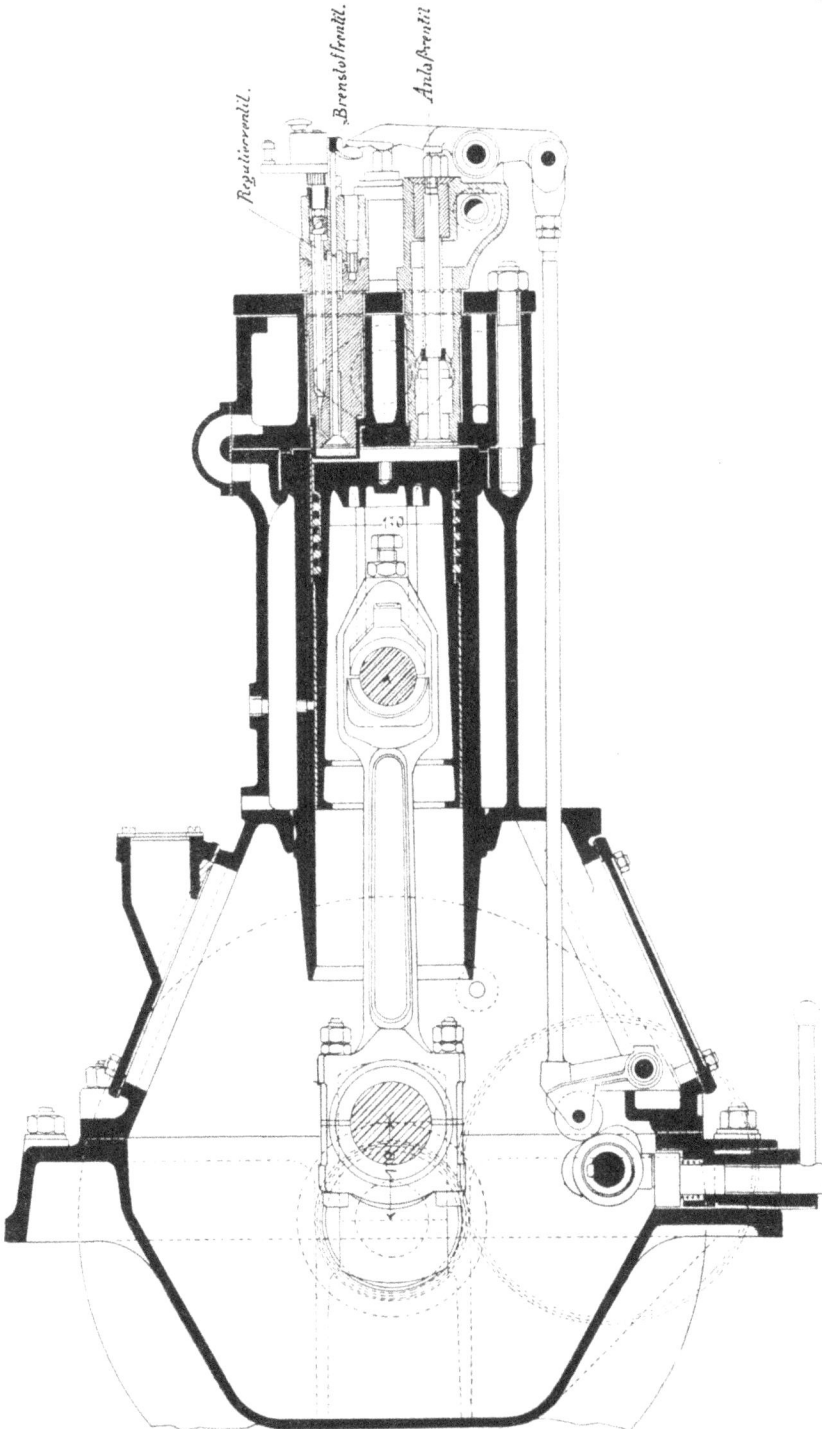

Figur 14. Schnitt quer zur Achse des 8 PS-Petroleum-Bronsmotors.
Der Maßstab der Figur 13 gilt auch hier.

Umsteuerung: Umsteuerbare Schraube nach dem
    System der Gasmotorenfabrik Deutz.
Brennstoff: Amerikanisches Lampenpetroleum.
Brennstoffverbrauch für die effektive
    Pferdekraft und Stunde:
    a) bei Vollast . . . .   266 g
    b) bei Halblast . . . .   341 »
    c) bei Leerlauf . . . .   750 »
Schmierölverbrauch für die Pferdekraft
    und Stunde . . . . etwa   60 »

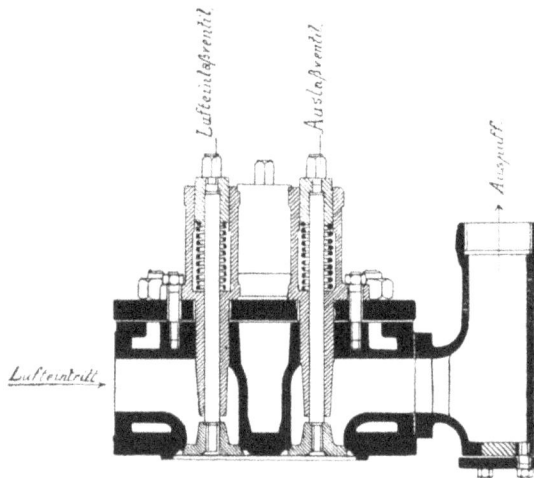

Figur 15. Schnitt durch das Einlaß- und Auslaßventil des
8 PS-Petroleum-Bronsmotors.

Der Bronsmotor hat an Stelle der Glühhaube die in
Figur 17 dargestellte Zündkapsel. In diese wird der Brennstoff in
der erforderlichen Menge eingeführt. Damit er ohne besondere
Zündvorrichtung verbrennt, muß die angesaugte Luft auf etwa
27 Atm. verdichtet werden. Hierdurch wird sie sehr hoch erwärmt.
    Der Motor hat je ein Einlaßventil S, Auslaßventil A_1, Brenn-
stoffventil B und Anlaßventil A der Figur 16. Einlaß- und Auslaßventil sind gesteuert. Das Brennstoffventil tritt an die Stelle der
Einspritzdüsen der Glühhaubenmotoren. Es wird ebenfalls gesteuert.
    Das Anlaßventil dient zur Einführung von Preßluft in den
Zylinder, um den Motor anzulassen, weil dies wegen der hohen Kom-
pression von Hand nicht geht. Die erforderliche Druckluft liefert
eine von der Kurbelwelle angetriebene Luftpumpe.

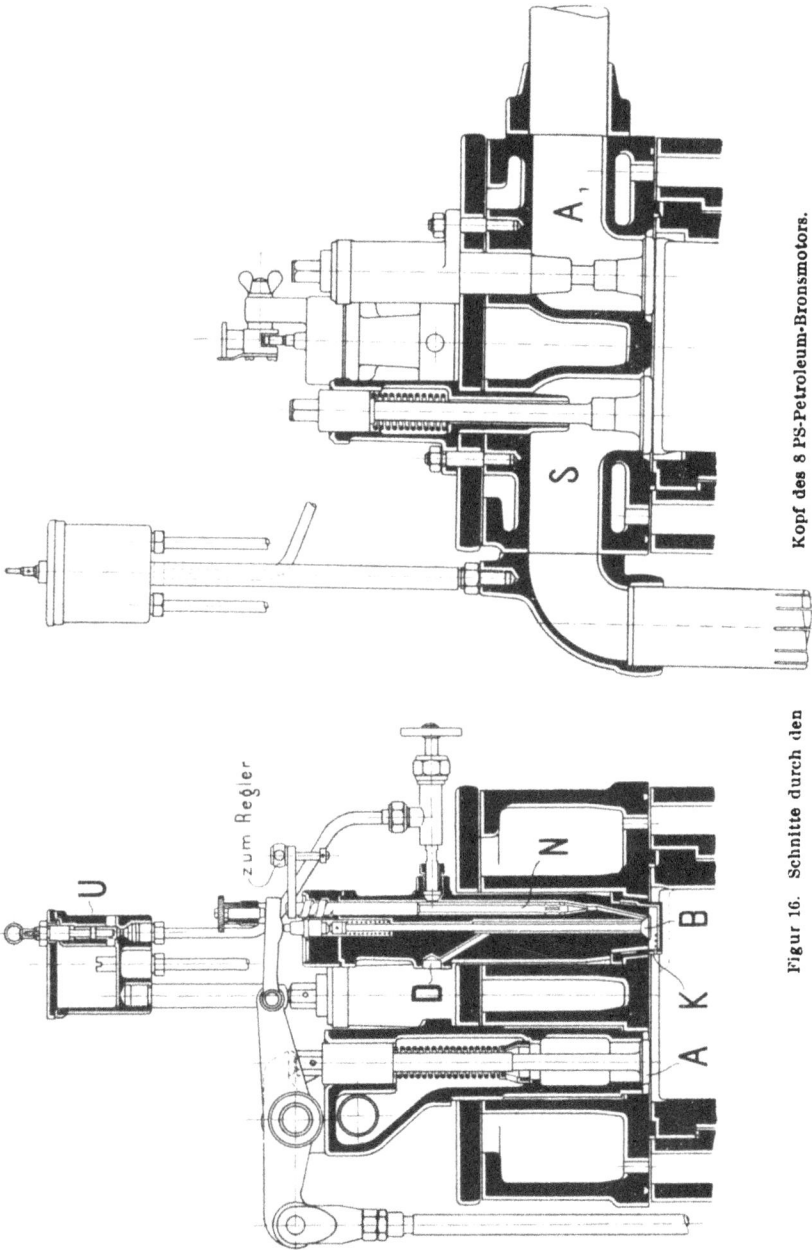

Kopf des 8 PS-Petroleum-Bronsmotors.

Figur 16. Schnitte durch den

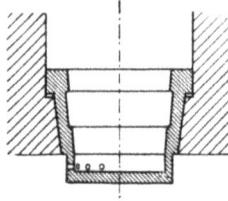

Figur 17. Schnitt durch die
Zündkapsel des 8 PS-
Petroleum-Bronsmotors.

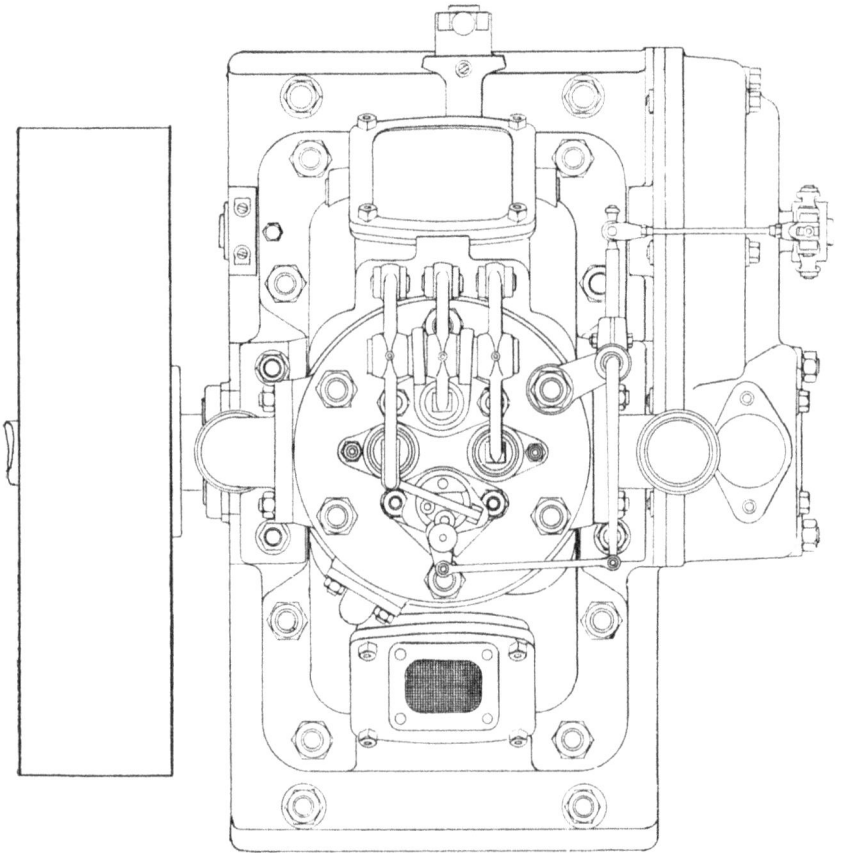

Figur 18. Oberansicht des 8 PS-Petroleum-Bronsmotors.
Der Maßstab der Figur 13 gilt auch hier.

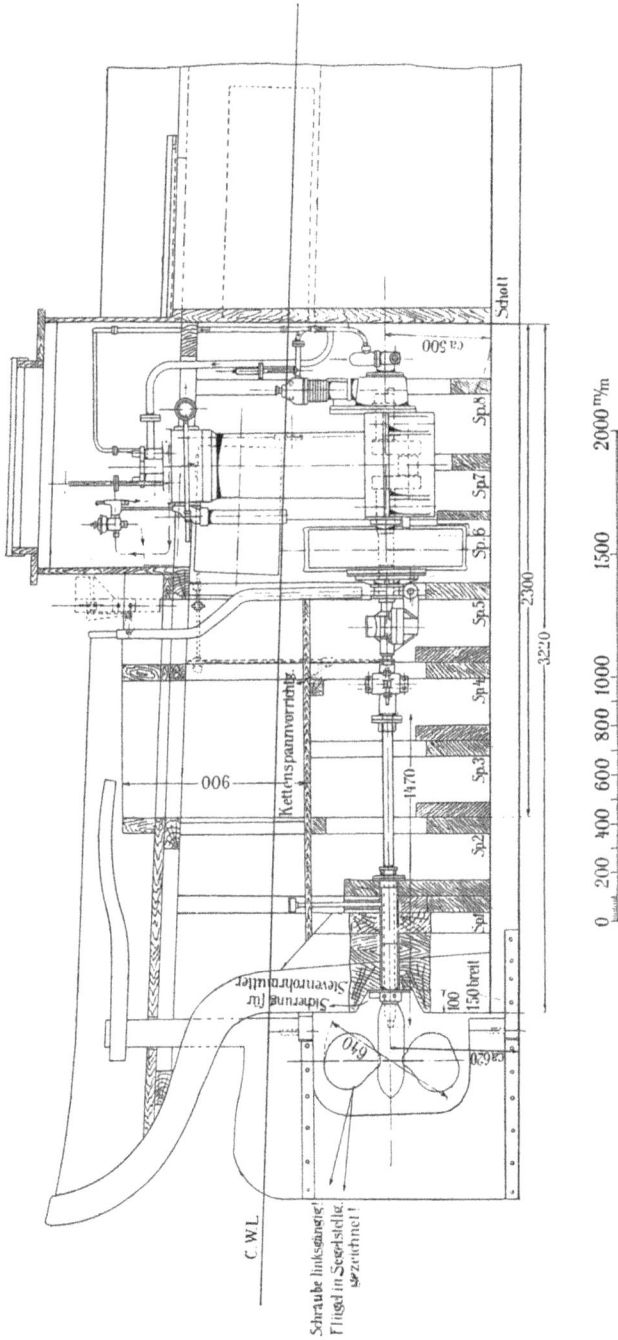

Figur. 19. Längenschnitt der Einbauzeichnung des 8 PS.-Petroleum-Bronsmotors.

Druckluß

Einstieg in den Maschinenraum.

Bün.

Einstieg in den Maschinenraum.

Brennstoff 60 Ltr.

350

300

Abreuner

Kupferrohr

Auspuſſöſſnung

0 200 400 600 800 1000 1500 2000 m/m

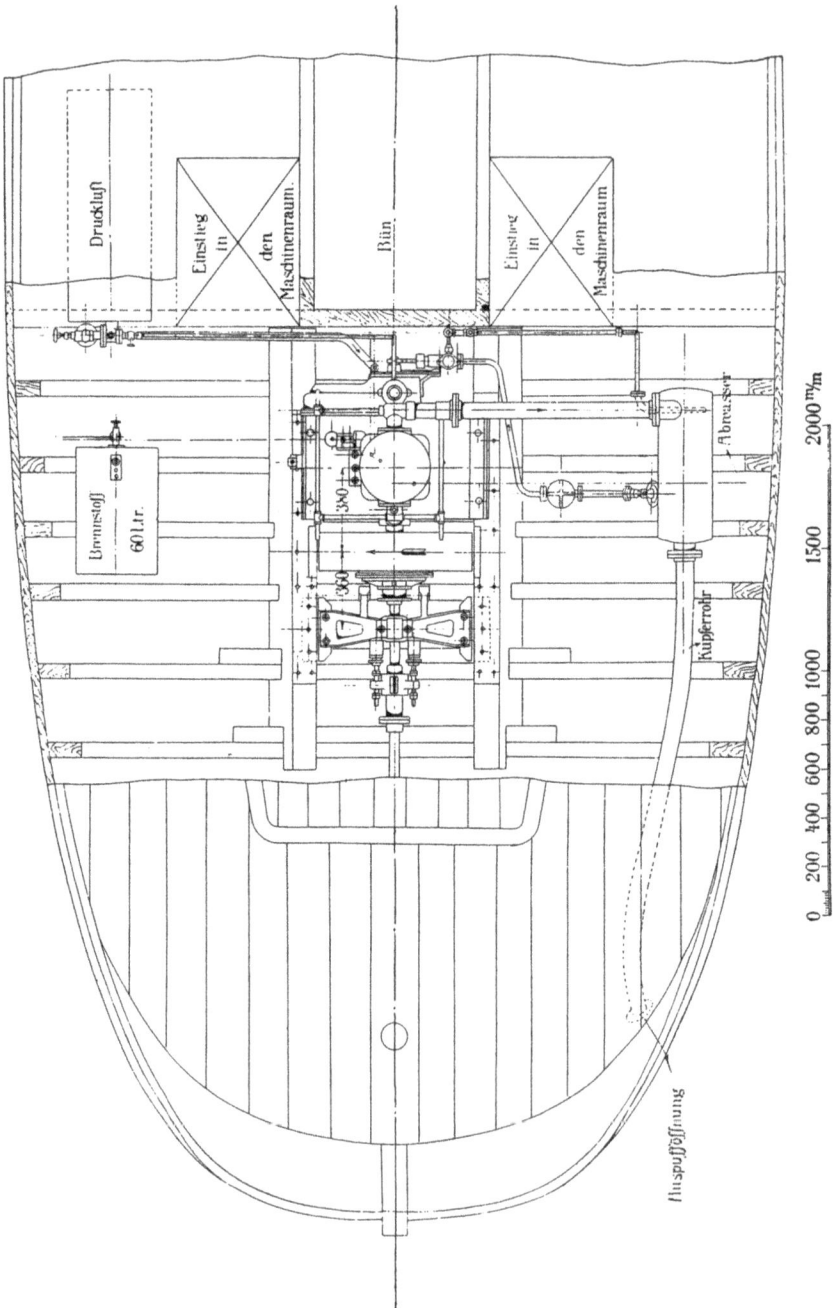

Figur 20. Oberansicht der Einbauzeichnung des 8 PS-Petroleum-Bronsmotors.

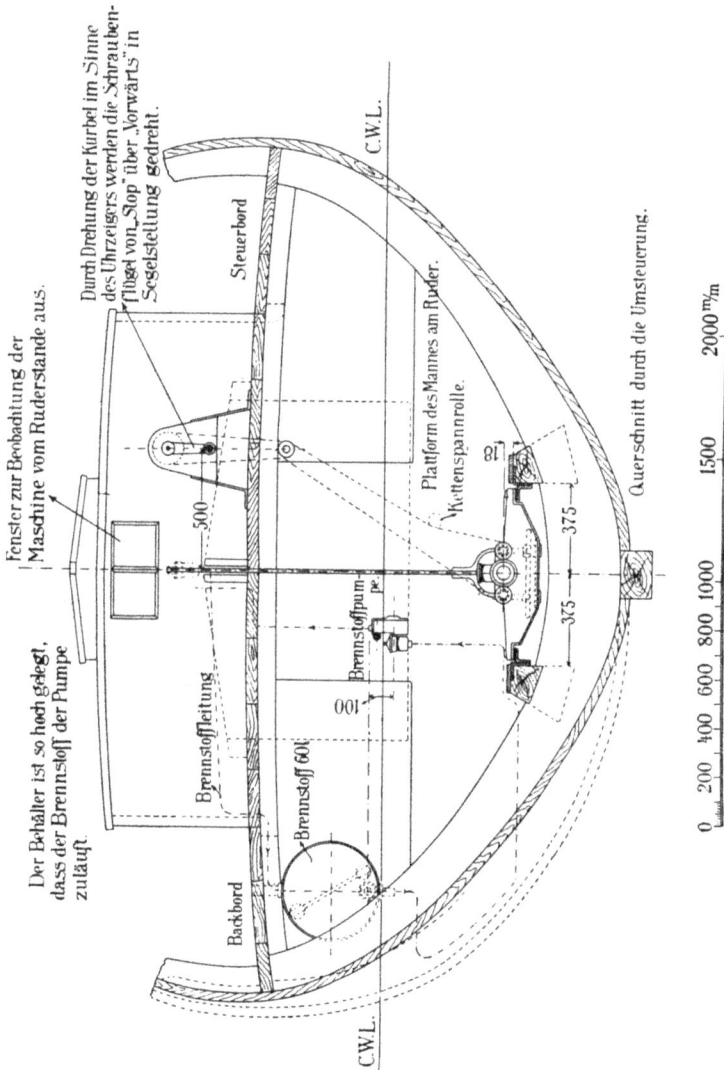

Figur 21. Querschnitt durch die Umsteuerung der Einbauzeichnung des 8 PS-Petroleum-Bronsmotors.

Regulierhahn in der Abwasserltg,
von Deck aus zu bedienen.

Beide Regulierhähne sind so
durchbohrt, daß ein vollständiger
Abschluß unmöglich ist.

Steuerbord

C.W.L.

Abwasser

Regulierhahn

Einspritz-wasser

Kühlwasser

750

350 Touren

Backbord

C.W.L.

Querschnitt durch den Motor.

0 200 400 600 800 1000   1500   2000 ᵐ/m

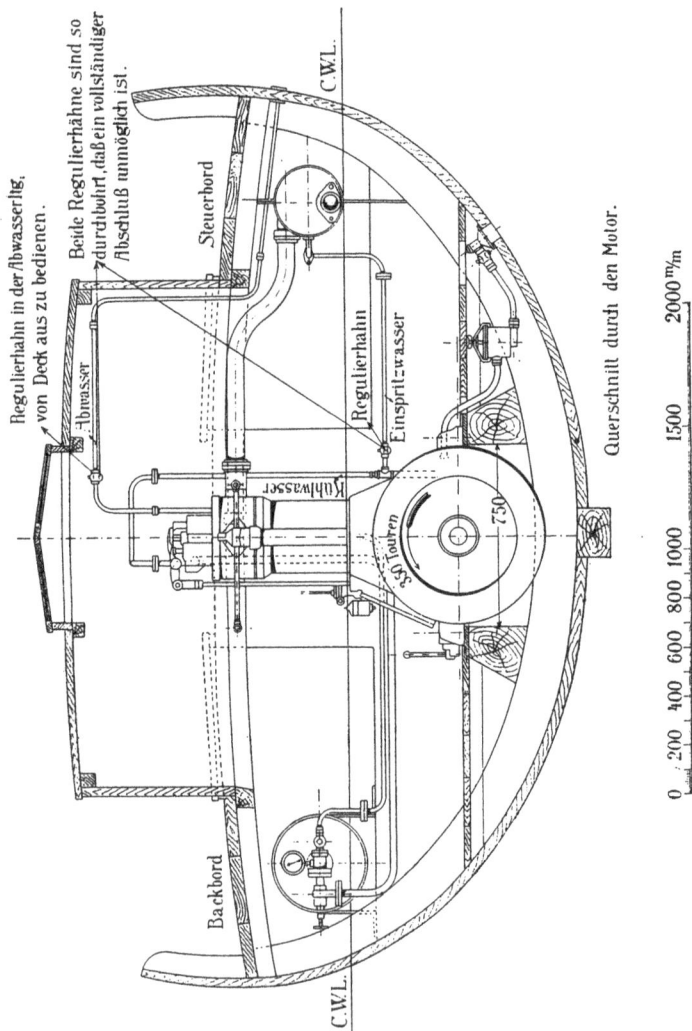

Figur 22. Querschnitt durch den Motor der Einbauzeichnung des 8 PS-Petroleum-Bronsmotors.

Die Steuerung sämtlicher Ventile erfolgt von einer im Kurbelgehäuse liegenden Steuerwelle aus. Diese läuft mit der halben
Umlaufzahl der Schiffswelle und wird durch Zahnräder entsprechend
angetrieben. Die Steuerwelle kann durch einen Handgriff in ihrer
Längsrichtung verschoben werden. Dies ist nötig, um sämtliche
Ventile beim Anlassen oder im Betrieb richtig zu betätigen, wie
später näher ausgeführt wird. Die Zuführung des Brennstoffes in
das Brennstoffventil geschieht mit Hilfe des Überlaufgefäßes U
der Figur 16. Diesem Gefäß fließt der Brennstoff von dem höher
liegenden Tank aus zu. Neuere Motoren haben eine Brennstoffpumpe,
wie sie in Figur 21 angegeben ist. Der Brennstoff macht dann den
in dieser Figur durch Pfeile bezeichneten Weg. Er fließt von dem
höher als die Pumpe gelegenen Brennstoffbehälter der Pumpe zu.
Die Pumpe befördert ihn in das Überlaufgefäß. Von diesem Gefäß
läuft der überfließende Teil in der Brennstoffleitung (Überlaufleitung)
mit Gefälle in den Brennstoffbehälter zurück.

Der F l i e h k r a f t r e g l e r sitzt auf der Steuerwelle und
verstellt durch Hebel- und Stangenübertragung das Nadelventil N
der Figur 16. Dieses Ventil ist in die Zuführung des Brennstoffes
zum Brennstoffventil B der Figur 16 eingeschaltet. Es vermag also
die Menge des zugeführten Brennstoffes der Leistung entsprechend
zu regeln. Um die Vergasung des Brennstoffes zu fördern, wird bei
neueren Motoren dem Brennstoffventil durch die Öffnung D der
Figur 16 gleichzeitig mit dem Brennstoff eine geringe Luftmenge
zugeführt.

Zur S c h m i e r u n g der Lager dienen normale Tropföler mit
Schauglas. Der Zylinder dagegen erhält Drucköl aus einer besonderen
Schmierölpumpe.

Die U m s t e u e r u n g erfolgt durch Drehflügelschraube nach
dem System der Deutzer Fabrik, das sich von den früher beschrie-
benen Schrauben nicht wesentlich unterscheidet.

Zum A n l a s s e n d e s M o t o r s mit Druckluft von etwa
8 Atm. dient der aus Figur 22 ersichtliche Druckluftbehälter. Dieser
muß von der Luftpumpe aus gefüllt gehalten werden. Wird dies
übersehen, so kann zur Not die Füllung durch eine Handpumpe
bewirkt werden.

Die Steuerung ist bei dem Anlassen durch Verschieben der
Steuerwelle so zu·verstellen, daß das Auslaßventil und das Anlaßventil im Zweitakt arbeiten; während dieser Zeit muß das Einlaßventil und das Brennstoffventil ganz ausgeschaltet werden.

Hilfsmaschinen: Als Kühlwasserpumpe des Zylinders dient eine Kolbenpumpe. Sie wird von der Kurbelwelle mittels Kurbeltrieb angetrieben.

Zweitakt-Glühhauben-Rohölmotor von 8 bis 10 PS der Grademotorwerke G. m. b. H. zu Magdeburg, eingebaut in den Kutter »Rügenwalde 17« der Fischer Luck und Blum zu Rügenwaldermünde.

Nummer 6 des Verzeichnisses auf S. 20.

Der Motor ist in Figur 23, 24, 25, 26 und 27 dargestellt.

Zahl der Zylinder	2
Zylinderdurchmesser	150 mm
Kolbenhub	160 »
Umläufe in der Minute	450
Gebrauchsleistung	8 PS
Höchstleistung	9,3 PS
Länge der ganzen Anlage:	
a) bis zur Kuppelung	1150 mm
b) bis zur Umsteuerung	1250 »
c) mit Riemenscheibe für Windenantrieb . . .	fehlt
Breite	490 mm
Höhe von der Unterkante Schwungrad bis zur Oberkante Glühhaube . .	950 »
Durchmesser der Schraube	630 »
Durchmesser der Heckwelle	43 »
Außendurchmesser des Stevenrohres .	57 »
Gewicht des Motors ohne Schwungrad mit Kuppelungshälften	630 kg
Gewicht des Schwungrades	120 »
Gewicht der ganzen Anlage mit Kuppelung, Umsteuerung mit Zubehör, Heckwelle, Stevenrohr mit Zubehör, Fundamentteilen, Rohrleitungen und gefüllten Brennstoffbehältern mit 200 l Inhalt . .	983 »

Gewicht des Motors mit Schwungrad = 750 kg, geteilt durch die normale Pferdestärke = 8, also $\dfrac{750}{8}$ = . . . 93,7 »

Umsteuerung: Umsteuerbare Schraube nach System Becker in Hamburg.

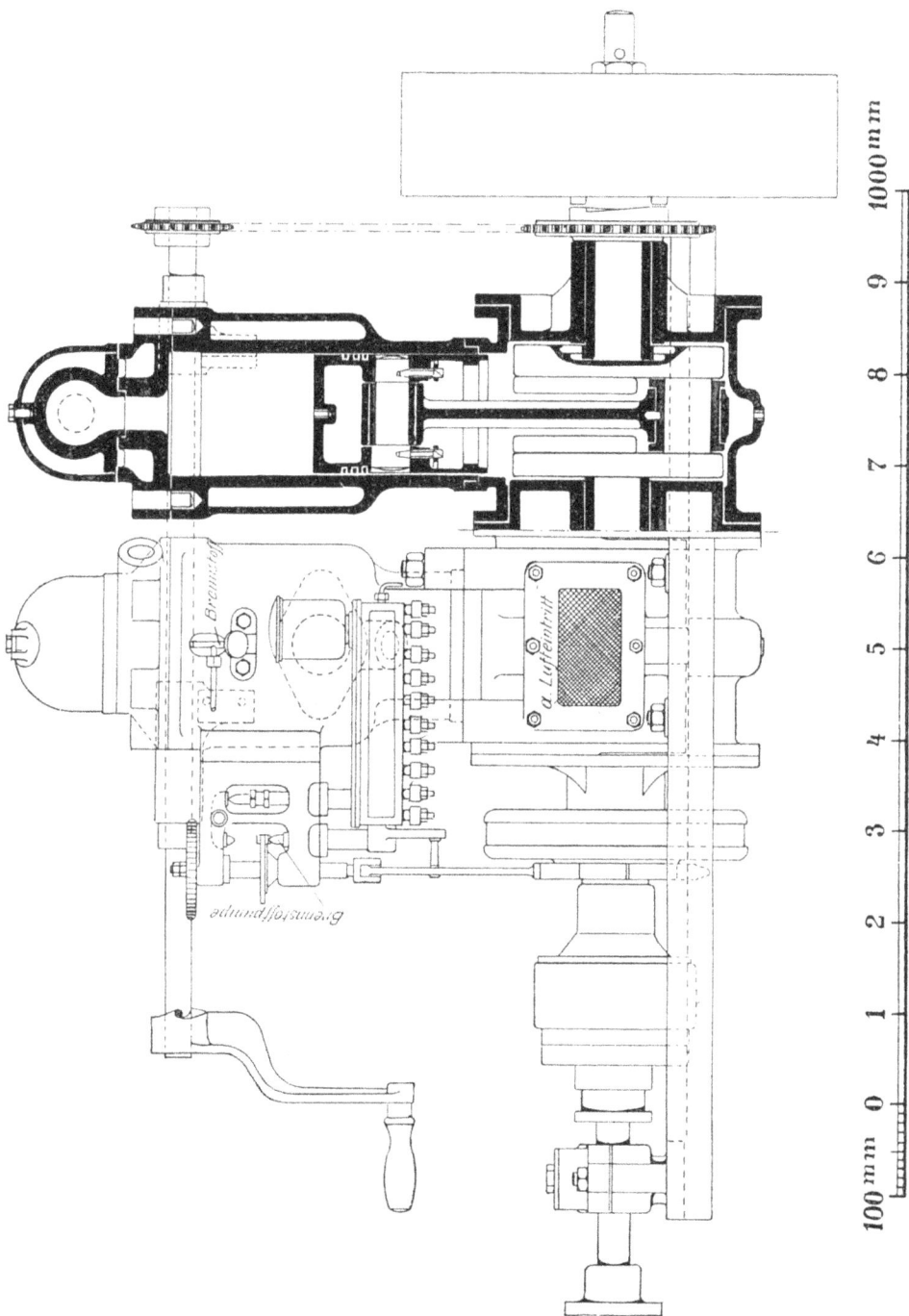

Figur 23. Schnitt durch die Längenachse des Rohöl-Grademotors von 8 bis 10 PS.

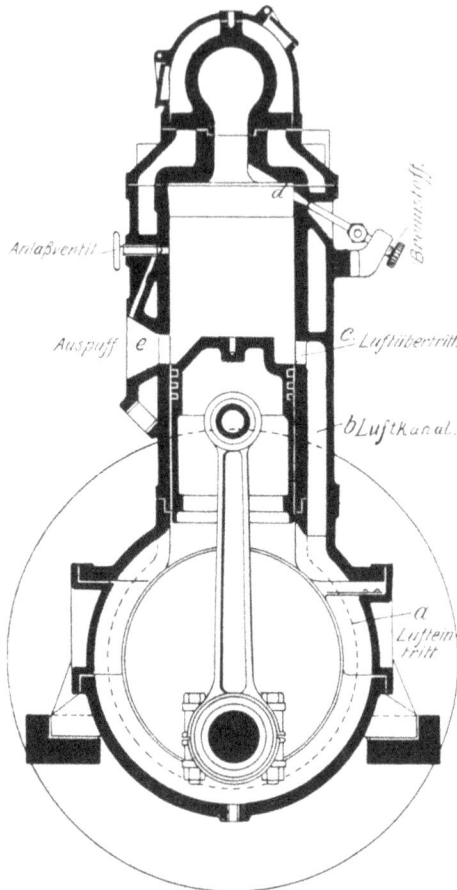

Figur 24. Schnitt quer zur Achse des Rohöl-Grademotors von 8 bis 10 PS.
Der unter Figur 23 stehende Maßstab gilt auch hier.

B r e n n s t o f f: Rohöl der Rohöl-Importgesellschaft zu
    Hamburg.
B r e n n s t o f f v e r b r a u c h f ü r d i e e f f e k t i v e
    P f e r d e k r a f t u n d S t u n d e:
    a) bei Vollast . . . . 558 g
    b) bei Halblast . . . . 537 »
    c) bei Leerlauf . . . . 2600 »
S c h m i e r ö l v e r b r a u c h f ü r d i e P f e r d e -
    k r a f t u n d S t u n d e . . . . 20 »

    Die allgemeine Einrichtung des Motors entspricht den auf S. 52
angegebenen des Swiderskimotors.

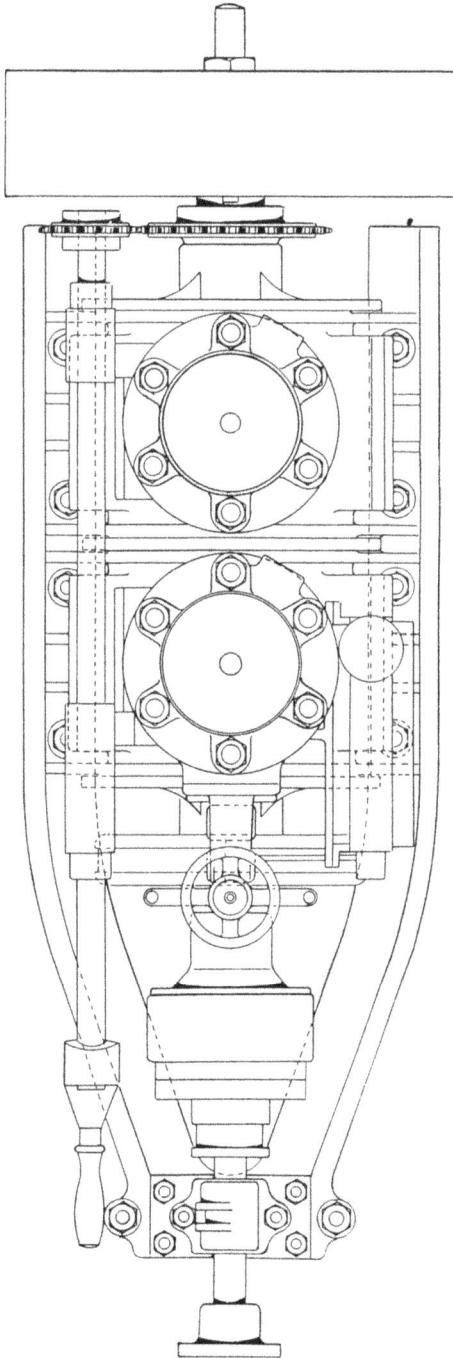

Figur 25. Oberansicht des Rohöl-Grademotors von 8 bis 10 PS.

Der unter Figur 23 stehende Maßstab gilt auch hier.

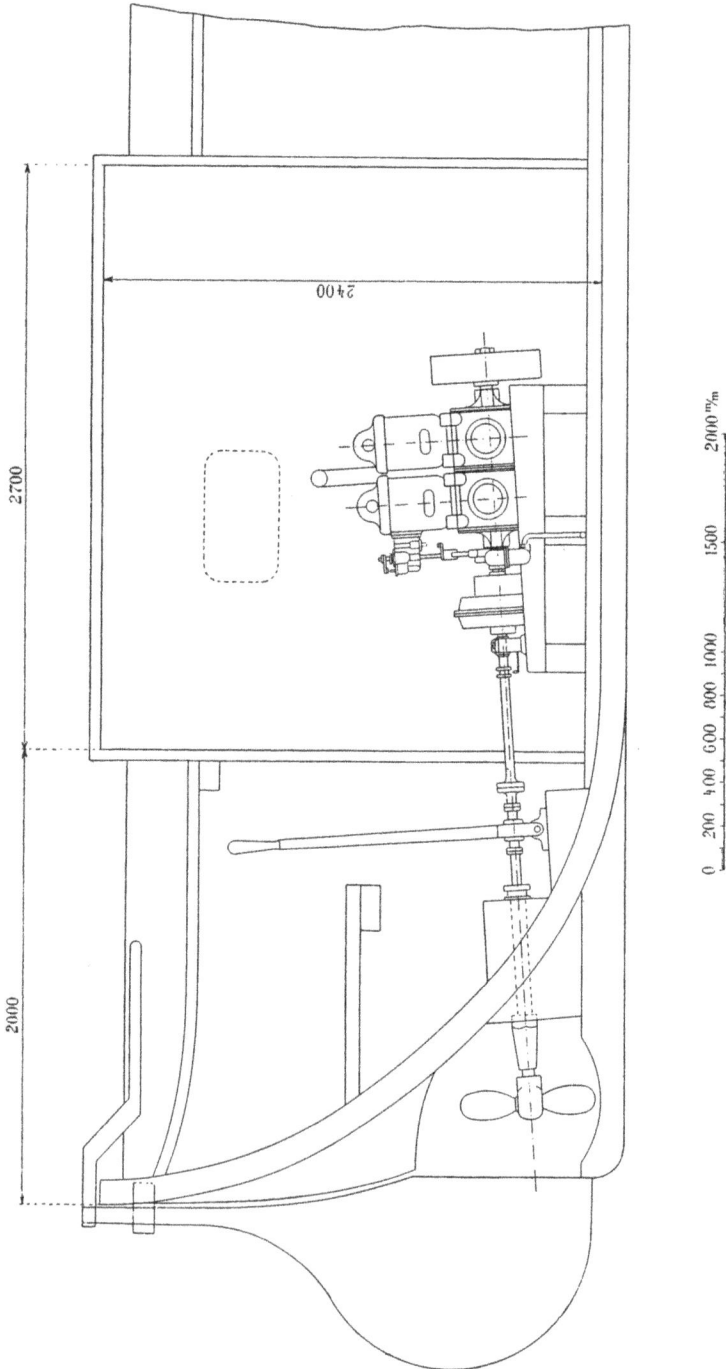

Figur 26. Längenschnitt der Einbauzeichnung des Rohöl-Grademotors von 8 bis 10 PS.

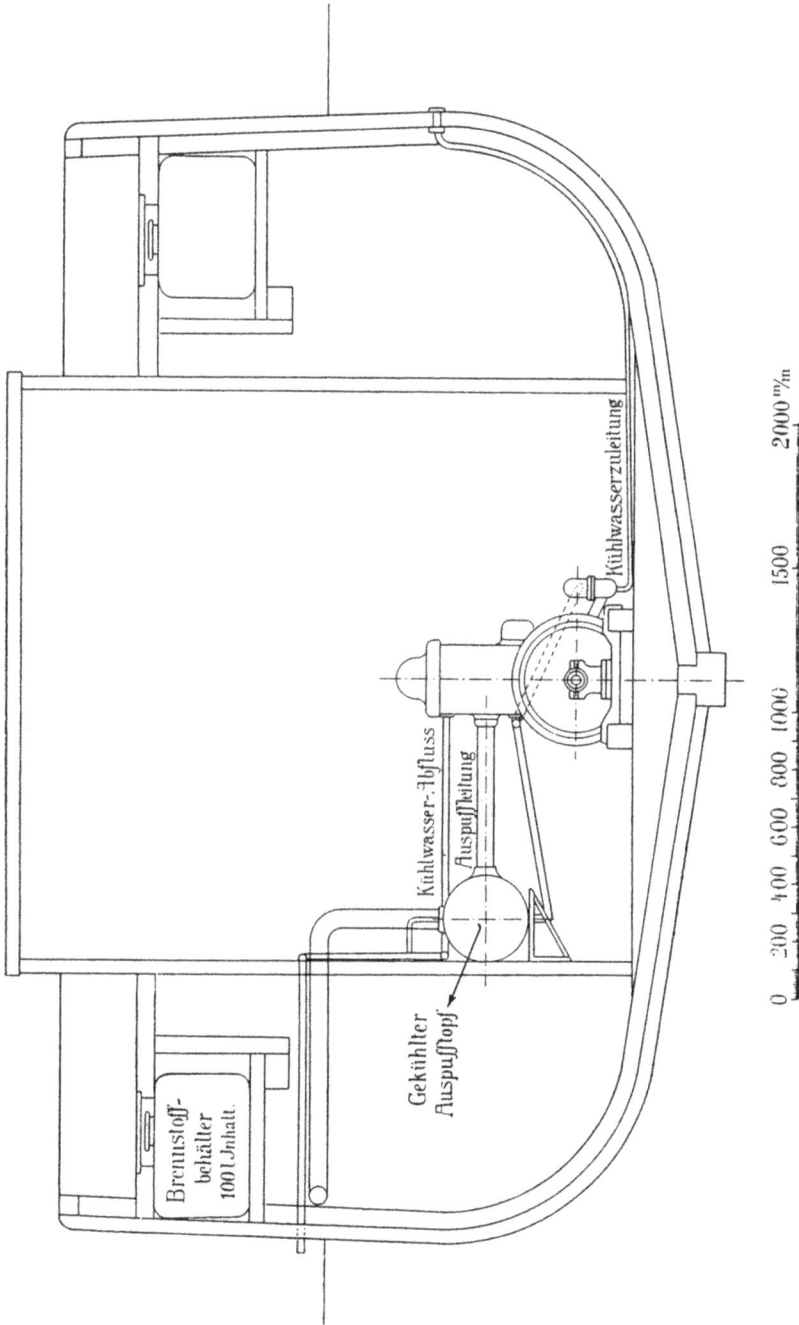

Figur 27. Querschnitt der Einbauzeichnung des Rohöl-Grademotors von 8 bis 10 PS.

0 200 400 600 800 1000 1500 2000 $^{m}/_{m}$

Kühlwasserzuleitung

Kühlwasser-Abfluss

Auspuffleitung

Gekühlter
Auspufftopf

Brennstoff-
behälter
100 l Inhalt.

E i n s p r i t z u n g und Z ü n d u n g gleichen ebenfalls der
bei Swiderski.

Ein wesentlicher Unterschied besteht dagegen in der Einführung
von Einspritzwasser in das Innere der Maschine, um Frühzündungen
zu vermeiden. Die Einführung des Einspritzwassers erfolgt in den
Luftkanal *b* am Zylinder; siehe Figur 24.

Die R e g e l u n g erfolgt wieder durch einen Fliehkraftregler.
Durch entsprechende Übertragungsteile wird der Hub der Brennstoffpumpe und die eingespritzte Brennstoffmenge verändert. Die
Brennstoffpumpe ist aus Figur 23 ersichtlich; sie wird durch
ein Exzenter und eine keilförmige Stoßplatte betätigt. Der Regler
verdreht die Stoßplatte und beeinflußt so die Pumpenhübe und
die Brennstoffmengen.

Die S c h m i e r u n g besorgt ein Zentralschmierapparat mit
einzelnen Druckpumpen, die ähnlich wie bei dem Swiderskj-Motor
ausgeführt und angetrieben sind.

Das Anlassen geschieht so wie bei den Swiderskimotoren;
siehe S. 53.

Die Wahl dieser U m s t e u e r s c h r a u b e war ein Mißgriff.

H i l f s m a s c h i n e . Das Kühlwasser für die Zylinder liefert
eine Zentrifugalpumpe, welche die Kurbelwelle mit Zahnradketten-
trieb antreibt.

Abschnitt VI.

Die Wettbewerbs-Winden.

Wenn im ganzen nur zwei Winden in den Wettbewerb kamen, so beweist dies nicht ein fehlendes Bedürfnis. Dieses ist im Gegenteil groß und dringend. Der Grund der Zurückhaltung deutscher Windenfabriken kann nur darin gesucht werden, daß ihnen die See und die Seefischerei ein fremdes Gebiet ist.

Die Winde des Schlossermeisters Theuring zu Elbing in dem Motorkutter »Bernhardine« des Fischers Kapitän Kohnert zu Prevow auf dem Darss.

Nummer 4 des Verzeichnisses auf S. 20.

Die Winde ist in Figur 28 und 29 dargestellt. Wir machen dazu folgende Angaben:

Umläufe in der Minute $= \frac{1}{6}$ der Motor-

$$\text{umdrehungeu} = \frac{400}{6} = \quad . \quad . \quad . \quad . \quad . \qquad 66$$

Handbetrieb: . . . . fehlt

Zweck: . . . . Snurrwadenbetrieb

Länge . . . . 1300 mm

Breite . . . . 750 »

Gewicht . . . . 150 kg

Preis . . . . 200 M.

Antrieb durch Riemen und Transmissionswelle, wie in Figur 29 dargestellt.

Von der Transmissionswelle führt eine Treibkette durch Öffnungen in Deck nach der Winde.

Das Ein- und Ausrücken erfolgt durch die in Figur 29 dargestellte Spannrolle von Deck aus.

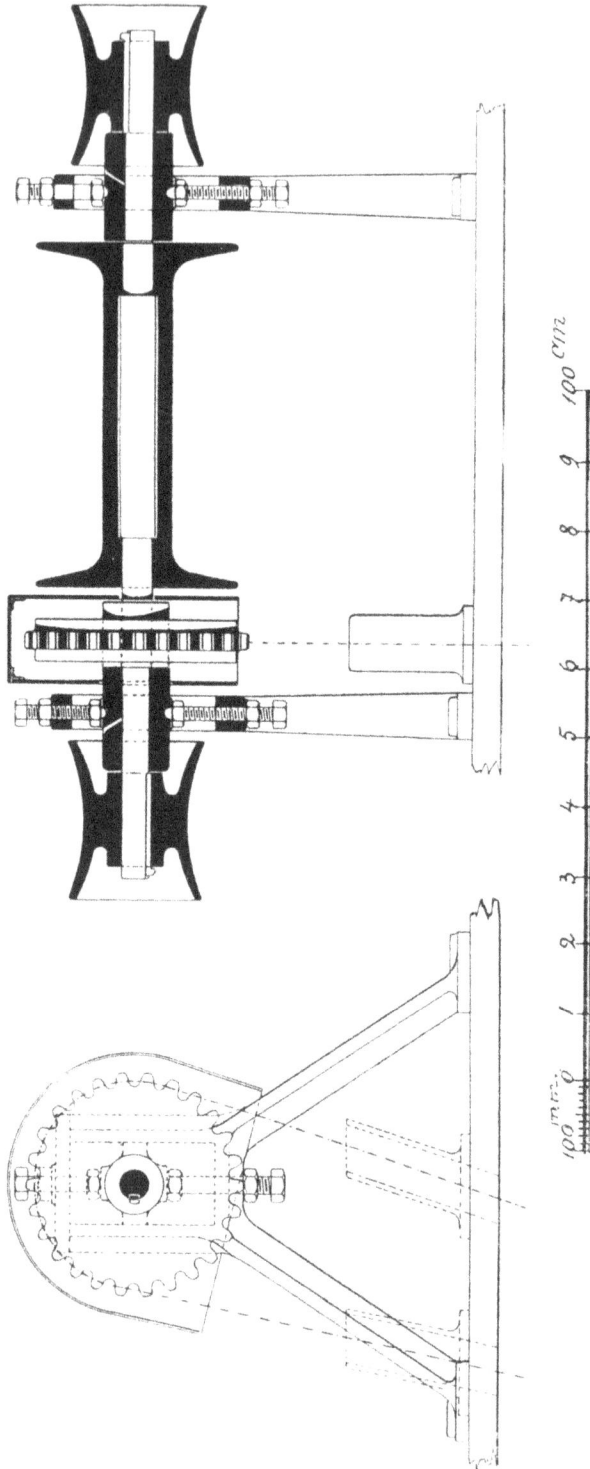

Figur 28. Längenschnitt und Seitenansicht der Winde in dem Kutter »Bernhardine«

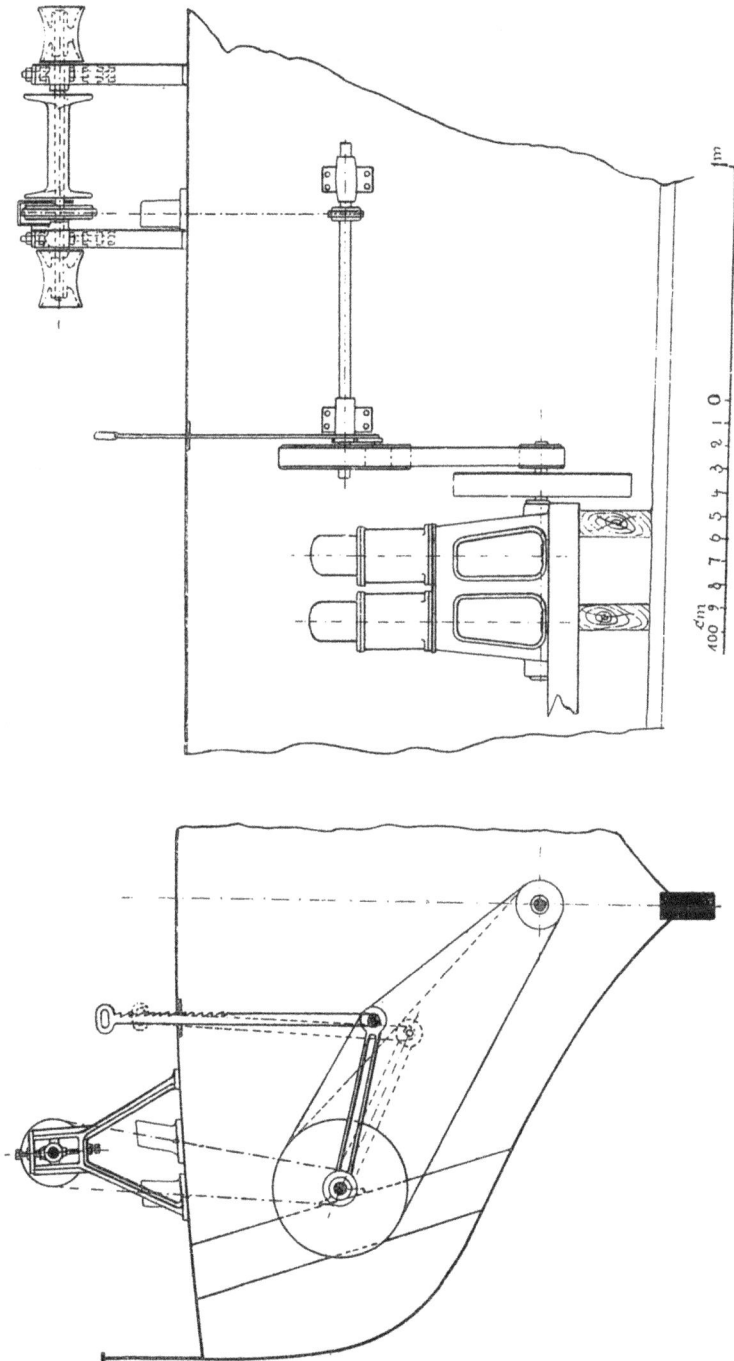

Figur 29. Einbauzeichnung der Winde in dem Kutter »Bernhardine«.

Abschnitt VII.

Die Beschreibung und Darstellung der Fahrzeuge der Wettbewerbsmotoren.

Das Fahrzeug des Petroleum-Zweitaktmotors von 8 PS der Maschinenbau-Aktiengesellschaft vormals Ph. Swiderski zu Leipzig-Plagwitz, Nummer 1 des Verzeichnisses auf S. 20.

Das Fahrzeug ist in den Fig. 30, 31 und 32 dargestellt.

Wir geben dazu die folgenden Ergänzungen:

E i g n e r : Fischer Boy Voß zu Laboe bei Kiel.

N a m e d e s F a h r z e u g e s : »Willi«.

H e i m a t s h a f e n : Laboe bei Kiel.

B a u a r t u n d V e r w e n d u n g : Willi ist ein Fahrzeug, welches an der Ostküste von Schleswig-Holstein Quase genannt wird. Es ist, wie sich aus den Figuren ergibt, halb gedeckt. Der Bünschornstein reicht nicht bis zum Oberdeck. Der über der Bün liegende Teil des Oberdeckes ist, bis auf einen an den Bordwänden entlang geführten Laufplankensteg, offen.

»Willi« fängt mit der Scherbretterzeese Plattfische; er dient aber auch zum Herings- und Sprottenfang mit Stellnetzen sowie zum Schleppen der hering- und sprottfangenden Wadenboote. Das Fahrzeug wird auch selbst zum Transport von Heringen und Sprotten, welche mit der Wade gefangen sind, benutzt. In letzterem Fall wird der Fisch zunächst in der Bün, dann auf dem Bündeck untergebracht. Ist die Bün mit Fischen gefüllt, so hebt sich das Fahrzeug um zwei Plankenbreiten. Die Fische in der Bün bleiben lebendfrisch, sie werden besser erhalten, als die auf dem Bündeck liegenden.

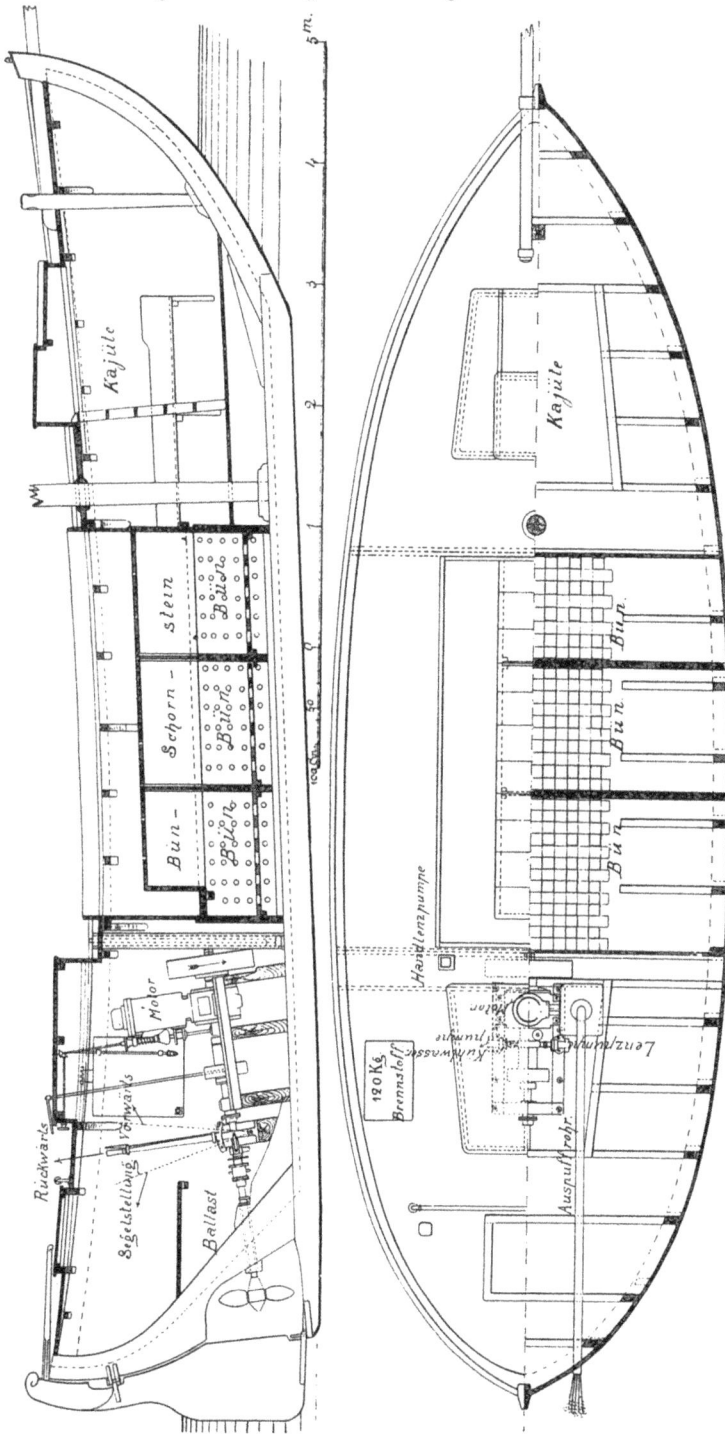

Figur 30. Längenschnitt und Oberansicht der Quase „Willi".

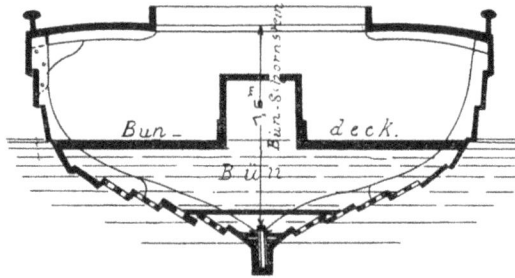

Figur 31. Querschnitt der Quase »Willi«.

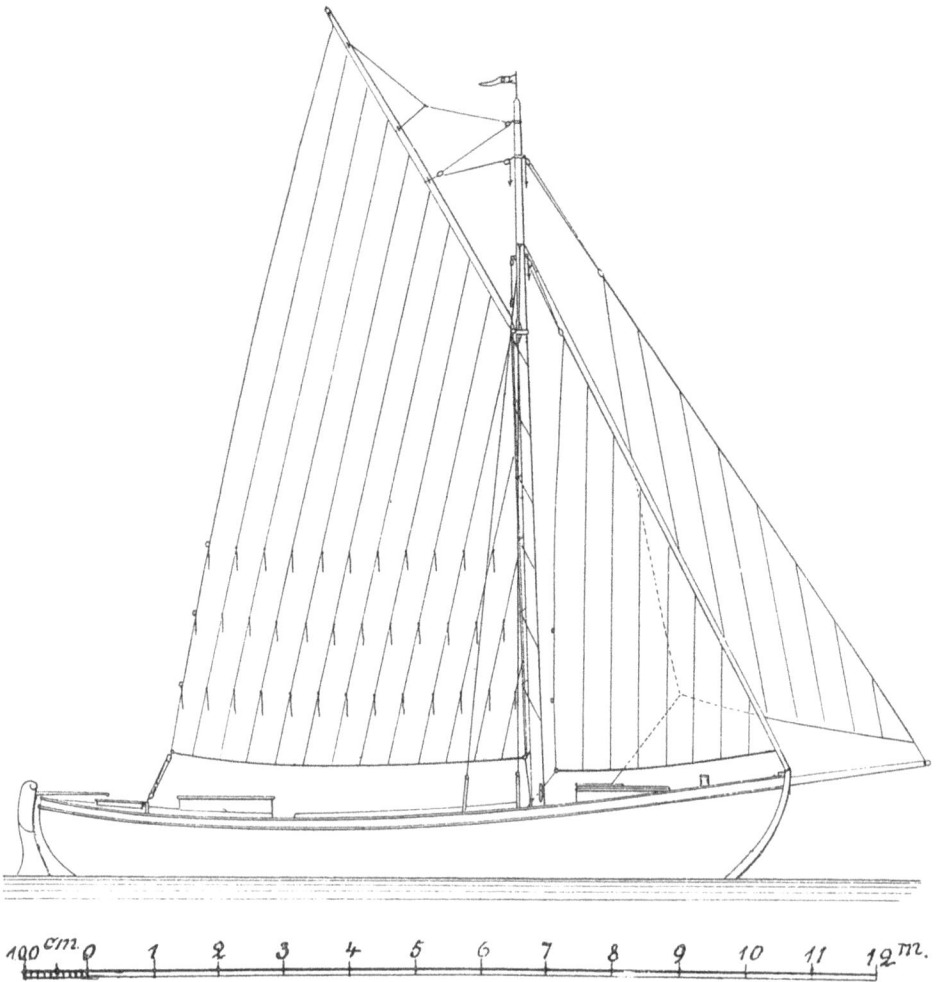

Figur 32. Segelzeichnung der Quase »Willi«.

B r u t t o g r ö ß e   i n   K u b i k m e t e r : 22,64.[1])

B a u j a h r : 1908/09.

B a u o r t : Dietrichsdorf bei Kiel.

E r b a u e r : Scharstein, Schiffs- und Bootsbauwerft.

B a u m a t e r i a l : Eichenholz.

B a l l a s t : 500 kg Steine in der Piek.

N e t z w i n d e : fehlt.

A n k e r w i n d e : fehlt.

L e n z p u m p e n : Eine von dem Schiffsmotor angetriebene Pumpe und eine Handpumpe.

L e t z t e B o d e n r e i n i g u n g v o r d e r S c h l u ß p r ü f u n g : November 1909.

T i e f g a n g b e i d e r S c h l u ß p r ü f u n g : vorne: 0,79 m, hinten 1,10 m.

A k t i o n s r a d i u s o d e r S t r e c k e i n S e e m e i l e n , w e l c h e d a s F a h r z e u g m i t d e m M o t o r a l l e i n u n d d e m i n d e m V o r r a t s b e h ä l t e r u n t e r b r i n g b a r e n B r e n n s t o f f z u r ü c k l e g e n k a n n , b e i 5,5 S e e - m e i l e n F a h r t i n d e r S t u n d e : 186.

Das Fahrzeug des Rohöl-Zweitaktmotors von 6 PS der Maschinen- bau-Aktiengesellschaft vormals Ph. Swiderski zu Leipzig-Plagwitz,

Nummer 2 des Verzeichnisses auf S. 20.

Das Fahrzeug ist in der Figur 33 und 34 dargestellt.   Es ist in der Form, Ausrüstung und Takelung der »Willi« ähnlich. Abgesehen von der geringeren Größe der »Ida« besteht der

---

[1]) Die in diesem Abschnitt, bei diesem Fahrzeug und bei anderen an- gegebene Größe ist stets die Vermessungsgröße, d. h. die nach der von dem Reichsamt des Innern herausgegebenen S c h i f f s v e r m e s s u n g s o r d n u n g festgestellte Größe.   Aus den Bestimmungen über die Vermessung ist zu merken:

In den Bruttoraumgehalt wird im großen und ganzen der ganze Raum unter Deck und in festen Aufbauten einvermessen.   Bei Fahrzeugen mit Bün (durchlöchertem Fischbehälter) wird der Raumgehalt der Bün mit dem Schorn- stein (Bünkiste) von dem Bruttoraumgehalt ausgeschlossen.

Von dem Bruttoraumgehalt werden im allgemeinen abgezogen, um den Nettoraum zu erlangen:

die Räume zum Gebrauch der Besatzung und zur Navigierung;

bei Segelschiffen ein Teil des Segelraumes und Bootsmanns-Vorratsraumes;

bei Dampfern und Motorfahrzeugen der Maschinen- und Kesselraum.

Siehe die Anmerkung auf Seite 85.

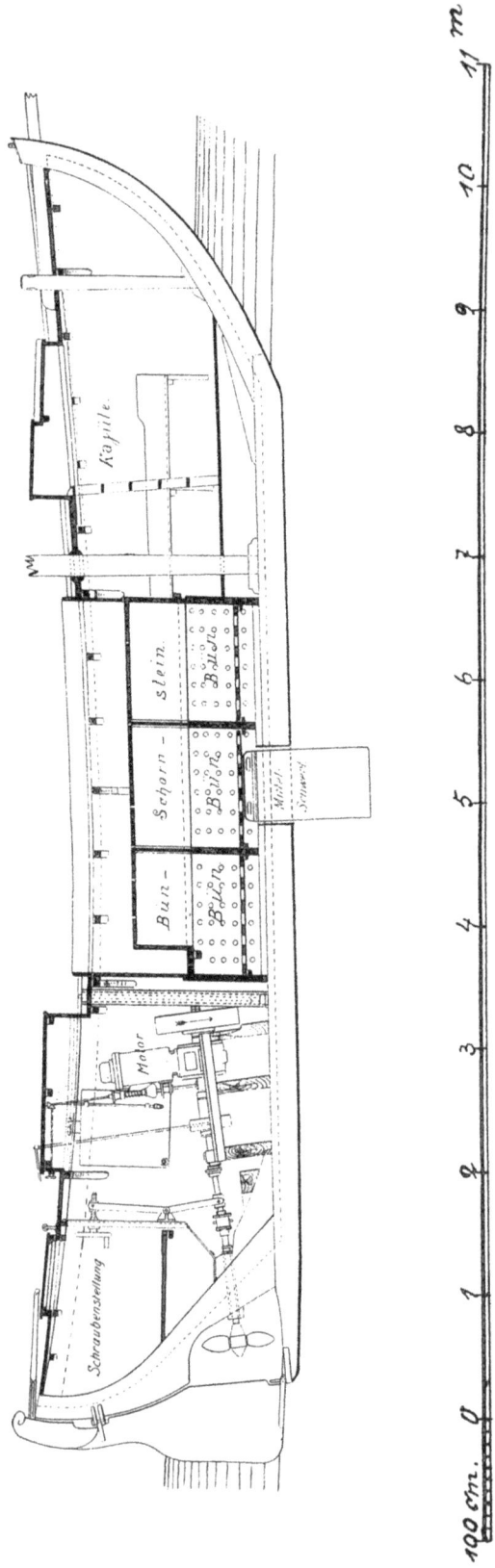

Figur 33. Längenschnitt der Quase »Ida«.

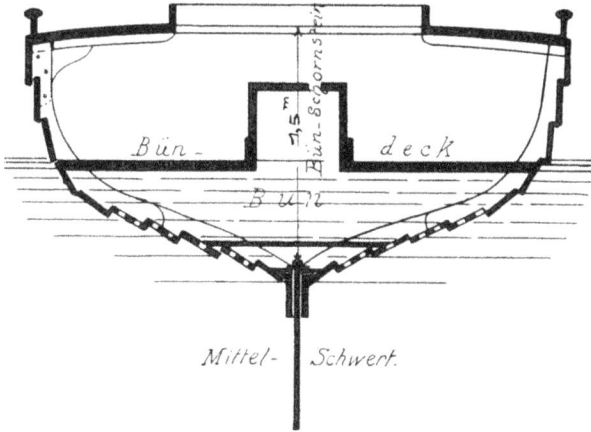

Figur 34.   Querschnitt der Quase »Ida«.

Unterschied hauptsächlich in dem in Figur 33 und 34 dargestellten Mittelschwert.

Wir geben dazu die folgenden Ergänzungen:

E i g n e r : Fischer Pries zu Eckernförde.

N a m e   d e s   F a h r z e u g e s : »Ida.«

H e i m a t s h a f e n   d e s   F a h r z e u g e s : Eckernförde.

B a u a r t   u n d   V e r w e n d u n g : »Ida« ist eine Quase wie »Willi«.
   Die auf S. 80 für »Willi« gemachten Angaben treffen auch
   hier zu.

B r u t t o g r ö ß e   i n   K u b i k m e t e r : 19,689 [1]).

B a u j a h r : 1908/09.

B a u o r t : Eckernförde.

E r b a u e r : Glasau, Schiffs- und Bootsbauwerft.

B a u m a t e r i a l : Eichenholz.

---

[1]) Unter Bezugnahme auf die Bemerkung auf Seite 83 geben wir den folgenden Auszug aus dem Schiffsmeßbrief der »Ida«:

Bruttoraumgehalt:		Abzüge:	
1. Raum unter dem an Stelle des Ver- messungsdecks tretenden obersten Plankengang . . . . 19,3 cbm		1. Motorraum . . 8,9 cbm	
2. Oberlicht über dem Motorraum . . 0,4 »		2. Raum für Mann- schaft . . . . 4,2 »	
Im ganzen . . . . . 19,7 cbm		3. Raum für Schiffs- führer . . . . 4,2 »	
Abzüge . . . . . . 17,3 »		Im ganzen 17,3 cbm	
Mithin Nettoraumgehalt 2,4 cbm			

B a l l a s t : 900 kg, aus Eisen und Steinen bestehend, davon
50 kg in der Piek, der Rest an beiden Seiten auf dem
Bündeck an den Bordwänden.
N e t z w i n d e : fehlt.
A n k e r w i n d e : fehlt.
L e n z p u m p e n : Eine von dem Schiffsmotor angetriebene Pumpe
im Hinterschiff.
L e t z t e B o d e n r e i n i g u n g v o r d e r S c h l u ß p r ü f u n g :
April 1910.
T i e f g a n g b e i d e r S c h l u ß p r ü f u n g : vorne 0,9 m,
hinten 1,25 m.
A k t i o n s r a d i u s o d e r S t r e c k e i n S e e m e i l e n , w e l c h e
d a s F a h r z e u g m i t d e m M o t o r a l l e i n u n d d e m
i n d e m V o r r a t s b e h ä l t e r u n t e r b r i n g b a r e n
B r e n n s t o f f z u r ü c k l e g e n k a n n , b e i 5,0 S e e -
m e i l e n F a h r t i n d e r S t u n d e : 216.

Das Fahrzeug des Petroleum-Viertaktmotors von 8 PS der Kieler Maschinenbau-Aktiengesellschaft vormals K. Daevel in Kiel,

Nummer 3 des Verzeichnisses auf S. 20.

Das Fahrzeug ist in Fig. 35, 36, 37, 38, 39, 40 und 41 abgebildet.
Wir geben dazu die folgenden Ergänzungen:

E i g n e r : Kapitän Kohnert zu Prerow auf dem Darß, früher
Führer von Nordsee-Fischdampfern.
N a m e d e s F a h r z e u g e s : »Bernhardine«.
H e i m a t s h a f e n : Barth.
K l a s s i f i z i e r u n g u n d F a h r t z e i c h e n d e s G e r m a n i -
s c h e n L l o y d : »Bernhardine« ist unter Aufsicht des Germanischen Lloyds gebaut. Sie hat die Klasse[1]) A I des Germanischen Lloyd für 12 Jahre, vom 1. September 1909 ab
gerechnet, und das Fahrtzeichen[1]) k für kleine Küstenfahrt.

---

[1]) Über die Bedeutung von Klasse und Fahrtzeichen gibt der folgende Auszug aus den Vorschriften des Germanischen Lloyds Aufschluß:

H ö l z e r n e u n d K o m p o s i t s c h i f f e .

AI Neue Schiffe und reparierte Schiffe, die denselben gleichkommen.

A Schiffe, welche zwar nicht in die vorstehende Klasse gestellt werden
können, die jedoch tauglich sind, dem Verderb durch Seewasser leicht
unterworfene Waren auf längeren Reisen über See zu bringen.

I. Klasse

B a u a r t u n d V e r w e n d u n g: »Bernhardine« ist ein gedeckter
Fischkutter, wie sich aus den Fig. 36 und 37 ergibt. Der
Schornstein der Bün ist nicht bis zum Oberdeck durchgeführt.
Gelangt bei schlechtem Wetter und schwerer See Wasser
aus der oberen Öffnung des Bünschornsteins auf das Bündeck,
so fließt es durch Speigaten, die sich an dem hinteren Schott
des Bündeckraumes befinden, in den Trockenraum ab. Dort
muß es durch die Schiffslenzpumpe entfernt werden. Die
Mängel dieser Einrichtung leuchten ohne weiteres ein.

Die Bün, der mit Wasser gefüllte Schiffsteil zur Auf-
nahme lebender Fische, hatte bei und nach der Erbauung
des Fahrzeuges folgende Einrichtung: Der Boden des 2,5 m
langen Bünraumes, welcher rund 4 cbm Wasser faßt, war an
jeder Seite durch ein Rohr von 5 cm Durchmesser mit dem
Wasser außenbords in Verbindung, so wie aus Fig. 38 zu ersehen ist. Diese beiden Rohre konnten durch Ventile, welche
dicht über dem Schiffsboden lagen, von dem Bündeck aus
geschlossen werden. Wurde bei geöffneten Ventilen die in
Figur 37 dargestellte Motor-Bünpumpe (Zirkulationspumpe)
in Betrieb gesetzt, so entnahm diese Pumpe der Bün
soviel Wasser, als durch die Ventile einströmte. Das
Wasser in der Bün wechselte dadurch so stark und in solcher
Weise, daß die darin befindlichen gefangenen Fische lebend
blieben, solange die Pumpe in Betrieb war. Stand die Pumpe
still, so fehlte der Wasserwechsel in der Bün und die gefangenen
Fische in derselben starben. Da die Pumpe mit dem Motor

II. Klasse
BI Schiffe, welche durch Seewasser leicht verderbliche Ladungen noch über
    See bringen können, aber alle zwei Jahre zu besichtigen sind.
B   Schiffe, welche durch Seewasser leicht verderbliche Ladungen nur für
    kürzere Reisen über See bringen können. Besichtigung alljährlich.

III. Klasse
CL Schiffe, welche Ladungen, die nicht der Beschädigung durch Seewasser
    unterworfen sind, für längere Zeit über See bringen können. Besichtigung
    alljährlich.
CK Schiffe, welche dergleichen Ladungen nur für kürzere Reisen über See
    bringen können. Besichtigung nach jeder Reise.

k = Kleine Küstenfahrt, d. i. die Fahrt längs den Küsten des Festlandes
und den Inseln der Nordsee, vom Kap Gris Nez bis zum Aggerkanal, einschließlich
Fahrten vom Festlande nach Helgoland, im Kattegat südlich von Fredrickshavn
und Gothenburg, in den Belten und im Sund, sowie längs den Küsten der
Ostsee.

Eine arabische Zahl neben der Klasse gibt an, für wie viele Jahre dieselbe dem Schiff erteilt ist.

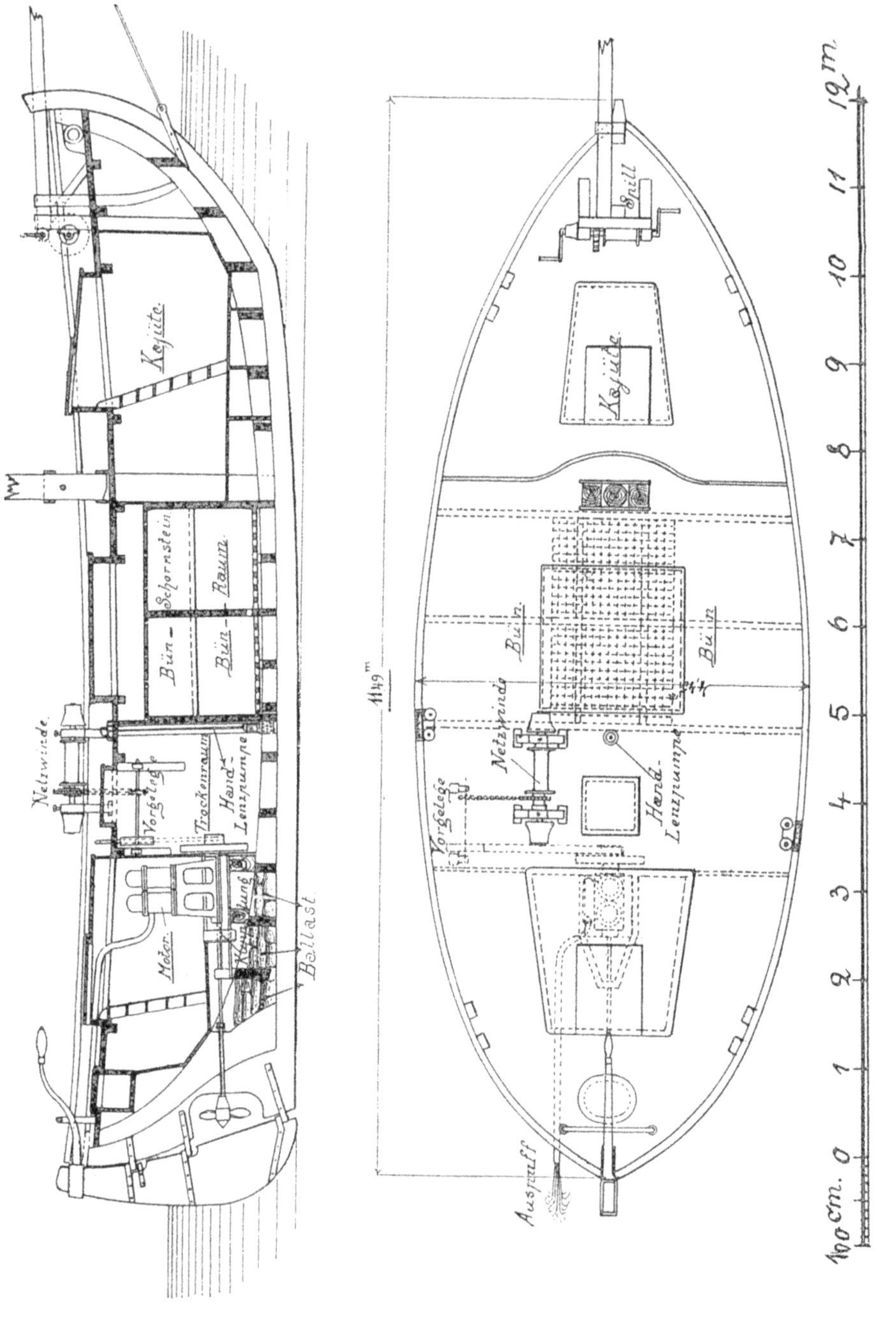

Figur 35. Längenschnitt und Oberansicht der »Bernhardine«.

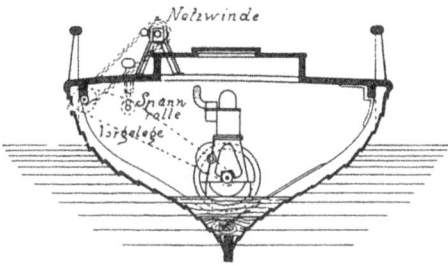

Figur 36. Querschnitt durch die Motorwinde
der »Bernhardine«.

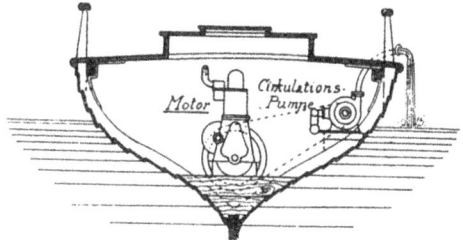

Figur 37. Querschnitt durch die Zirkulations-
bünpumpe der »Bernhardine«.

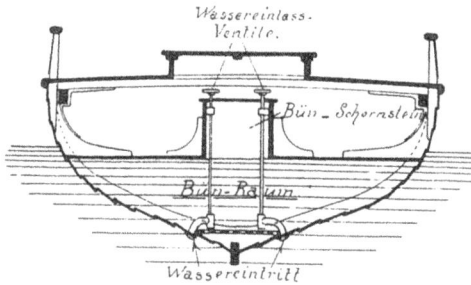

Figur 38. Querschnitt durch die Bünventile der »Bernhardine«.

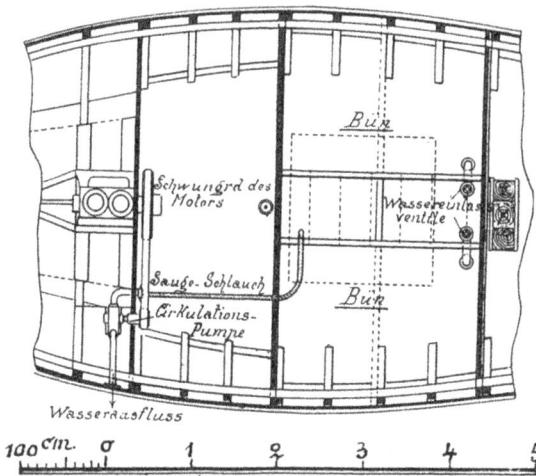

Figur 39. Oberansicht der Zirkulationsbün der »Bernhardine«.

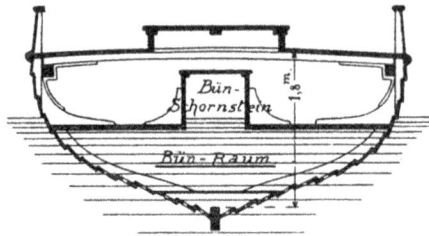

Figur 40. Querschnitt durch die Bün der »Bernhardine« nach Beseitigung
der Zirkulationspumpe, Schließung der Bodenventile und Anbringung der
vielfachen Bodendurchlöcherung.

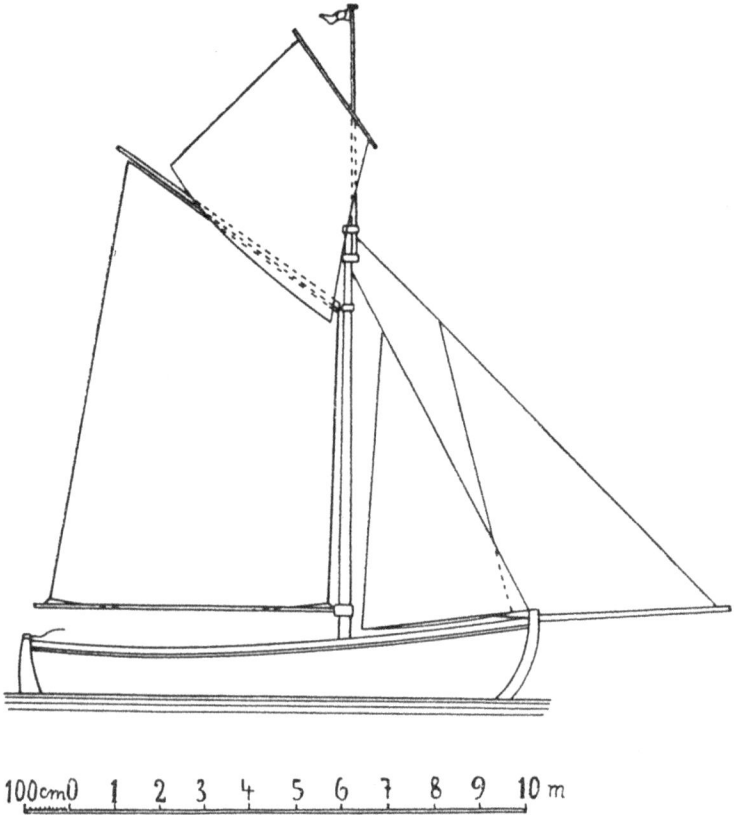

Figur 41. Segelzeichnung der »Bernhardine«.

betrieben wurde, weil ein Handbetrieb für den Zweck nicht ausreichte, mußte der Schiffsmotor auf See und im Hafen laufen, bis die gefangenen Fische der Bün entnommen und verkauft waren. Die hierdurch entstehenden Motorbetriebskosten waren so groß, daß die Einrichtung schon auf einer der ersten Reisen nach der Erbauung des Kutters aufgegeben wurde. Dieser wurde aufgeschleppt, der Bünboden wurde in der üblichen Weise mit zahlreichen Löchern versehen, die Ventile wurden geschlossen und die Pumpe beseitigt.

Die Pumpe, welche an dem aus Fig. 37 ersichtlichen Ort stand, war eine Zentrifugalpumpe von 50 mm Rohrdurchmesser. Ihr Antrieb erfolgte von dem Motor aus durch einen Treibriemen in der aus Fig. 37 ersichtlichen Weise. Ein 3 m langer Spiralschlauch führte von der Pumpe nach der Bün zur Beförderung von Wasser aus derselben. Die Pumpe förderte in einer Stunde etwa 8 cbm Wasser. Waren die Ventile geschlossen, so konnte sie also die Bün in einer halben Stunde leer pumpen. Durch die Entleerung der Bün nahm der Tiefgang des Kutters vorne um 20 und hinten um 10 cm ab; seine Seefähigkeit wurde dadurch vermehrt. Die ausgepumpte Bün konnte als Trockenraum benutzt werden.

Die Ausnutzung dieser, an und für sich augenscheinlich zweckmäßigen, Einrichtung scheiterte also an den Betriebskosten.

Die »Bernhardine« dehnt ihre Fangreisen auf das ganze Ostseegebiet aus; auch in dem südlichen Teil der deutschen Bucht der Nordsee ist sie auf den Fang gegangen.

Ihre Fanggeräte sind bis jetzt die Scherbretterzeese und die Snurrwade. Den Fang mit Treibnetzen und mit Angeln will ihr Eigner versuchen.

B r u t t o g r ö ß e i n K u b i k m e t e r: 42. Da die Bün zur Zeit der Vermessung des Kutters entleerbar und wahrscheinlich entleert war, wurde sie mit vermessen. Hätte das Fahrzeug schon damals die jetzige Bün mit vielfacher Bodendurchlöcherung gehabt, so würde es voraussichtlich nur zu 38 cbm vermessen sein.

B a u j a h r: 1909.

B a u o r t: Tolkemit am Frischen Haff.

E r b a u e r: Wälm, Schiffbauer in Tolkemit.

B a u m a t e r i a l: Eichenholz.

B a l l a s t: 20 Ztr. Zement und Eisen, hinter dem Motor unter der
　　Schraubenwelle. Weitere 40 Ztr. wurden im Herbst 1909
　　bei einer Strandung über Bord geworfen und nicht ersetzt.
N e t z w i n d e: Längsschiffs stehende Snurrwadenwinde mit Motor-
　　antrieb, siehe Fig. 28, 29 und 36.
A n k e r w i n d e für Handbetrieb, wie aus Fig. 35 ersichtlich ist.
　　Diese Winde ist dort als Spill bezeichnet.
L e n z p u m p e für Handbetrieb, wie sich aus der Fig. 35 ergibt.
L e t z t e B o d e n r e i n i g u n g v o r d e r S c h l u ß p r ü f u n g:
　　September 1910.
T i e f g a n g b e i d e r S c h l u ß p r ü f u n g: Vorne 1,24 m,
　　hinten 1,55 m.
A k t i o n s r a d i u s o d e r S t r e c k e i n S e e m e i l e n, w e l c h e
　　d a s F a h r z e u g m i t d e m M o t o r a l l e i n u n d d e m
　　i n d e m V o r r a t s b e h ä l t e r u n t e r b r i n g b a r e n
　　B r e n n s t o f f z u r ü c k l e g e n k a n n, b e i 4 S e e-
　　m e i l e n F a h r t i n d e r S t u n d e: 120.

Das Fahrzeug des Petroleum-Viertaktmotors von 8 PS der Gasmotoren-
fabrik Deutz zu Köln-Deutz,

Nummer 5 des Verzeichnisses auf S. 20.

Das Fahrzeug ist in Fig. 42, 43, 44, 45, 46, 47 und 48 dargestellt. Wir geben dazu die folgenden Ergänzungen:

E i g n e r: Fischer Grimsmann zu Brunsbüttlerhafen.
N a m e d e s F a h r z e u g e s: »Magdalena«.
H e i m a t s h a f e n: Brunsbüttlerhafen.
B a u a r t u n d V e r w e n d u n g: »Magdalena« ist ein gedeckter
　　Bünkutter für den Krabben-, Butt- und Stintfang auf der
　　Unterelbe und in den Wattfahrwassern der Nordsee.
　　　Zum Kochen der gefangenen Krabben dient der an der
　　Backbordseite auf dem Bündeck stehende, mit Steinkohlen
　　heizbare Kochofen; siehe die Fig. 42.
　　　Die Bün dient:
　　a) zum Spülen und Reinigen der Krabben nach dem Fang,
　　b) zur Lebenderhaltung gefangener Butte und Stinte.
　　　»Magdalena« fängt mit der Krabbenkurre, mit dem
　　Stinthamen und mit der Buttkurre.
B r u t t o g r ö ß e i n K u b i k m e t e r: 22,128.

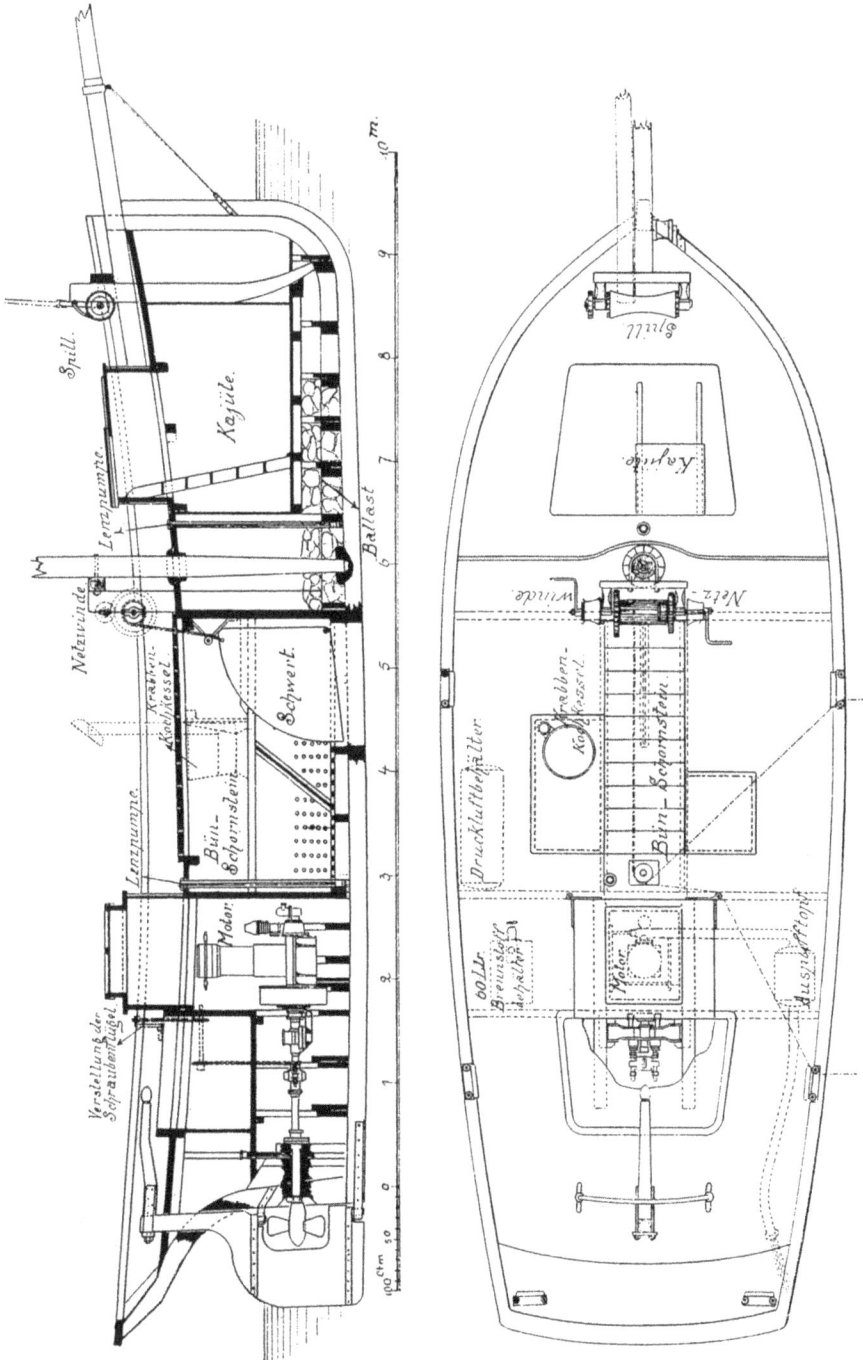

Figur 42. Längenschnitt und Oberansicht der »Magdalena«.

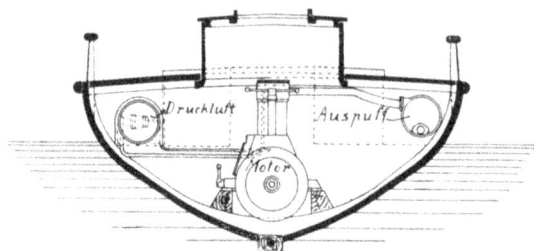

Figur 43. Querschnitt der »Magdalena« durch den Motor.

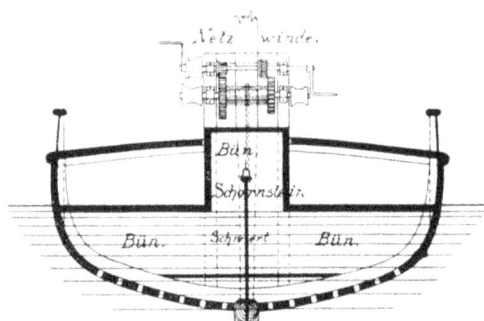

Figur 44. Querschnitt der »Magdalena« durch die Winde
und Bün

Figur 45. Winde der »Magdalena«.

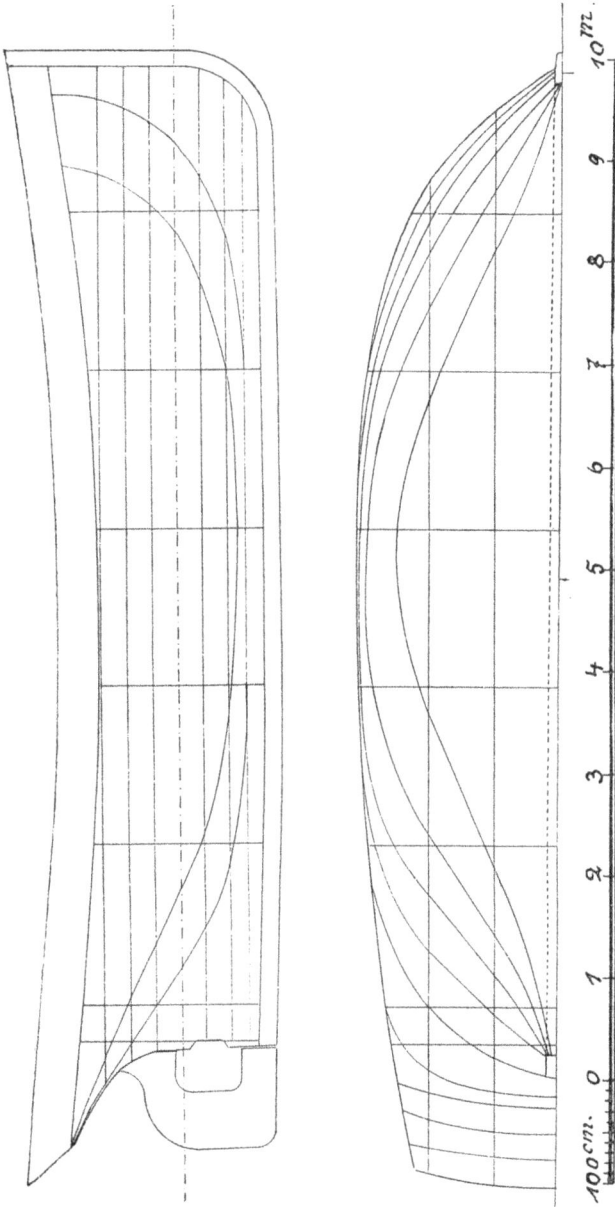

Figur 46. Längenschnitt und Oberansicht der Konstruktion der »Magdalena«.

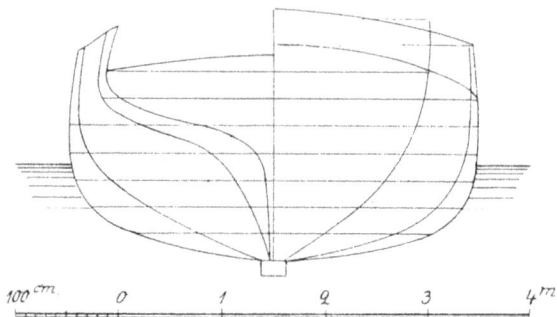

Figur 47. Quersohnitt der Konstruktion der »Magdalena«.

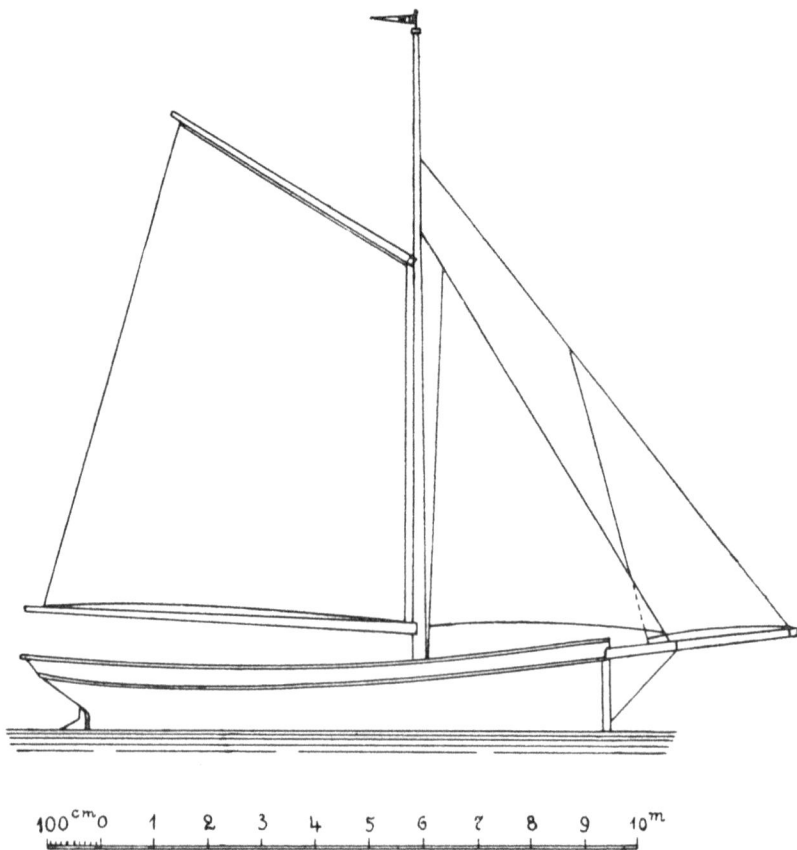

Figur 48. Segelzeichnung der »Magdalena«.

B a u j a h r: 1909.

B a u o r t: Brunsbüttlerhafen.

E r b a u e r: Schiffbauer Otto Doose zu Brunsbüttlerhafen.

B a u m a t e r i a l: Eichenholz.

B a l l a s t:

    a) In der Piek, hinter dem Motorraum, lose Steine 150 kg

    b) Am Mast Eisenbarren . . . . 1000 »

    c) Unter dem Mannschaftsraum Eisen und Steine   450 »

                                             1600 kg

N e t z w i n d e: Sie ist für Handbetrieb eingerichtet und in Fig. 44 und 45 dargestellt.

A n k e r w i n d e: Auch diese ist für Handbetrieb eingerichtet und in Fig. 42 dargestellt. Sie ist dort als Spill bezeichnet.

L e n z p u m p e n: Je eine, für Handbetrieb eingerichtet, vor und hinter der Bün.

L e t z t e B o d e n r e i n i g u n g v o r d e r S c h l u ß p r ü f u n g: Mai 1910. Soweit erreichbar, wurde der Boden später gereinigt, wenn das Fahrzeug mit Ebbe trocken fiel.

T i e f g a n g b e i d e r S c h l u ß p r ü f u n g: vorne 1,15 m, hinten 1,26 m.

A k t i o n s r a d i u s o d e r S t r e c k e i n S e e m e i l e n, w e l c h e d a s F a h r z e u g m i t d e m M o t o r a l l e i n u n d d e m i m V o r r a t s b e h ä l t e r u n t e r b r i n g b a r e n B r e n n - s t o f f z u r ü c k l e g e n k a n n, b e i 4,7 S e e m e i l e n F a h r t i n d e r S t u n d e: 106.

Das Fahrzeug des Rohöl-Zweitaktmotors von 8 bis 10 PS der Grade-Motorwerke, G. m. b. H., zu Magdeburg,

Nr. 6 des Verzeichnisses auf S. 20.

Das Fahrzeug ist in Fig. 49, 50, 51, 52 und 53 dargestellt. Wir geben dazu die folgenden Ergänzungen:

E i g n e r: Die Fischer Luck und Blum zu Rügenwaldermünde.

N a m e n hat das Fahrzeug nicht; in den amtlichen Listen ist es mit »Rüg (Rügenwaldermünde) 17« bezeichnet.

H e i m a t s h a f e n: Rügenwaldermünde.

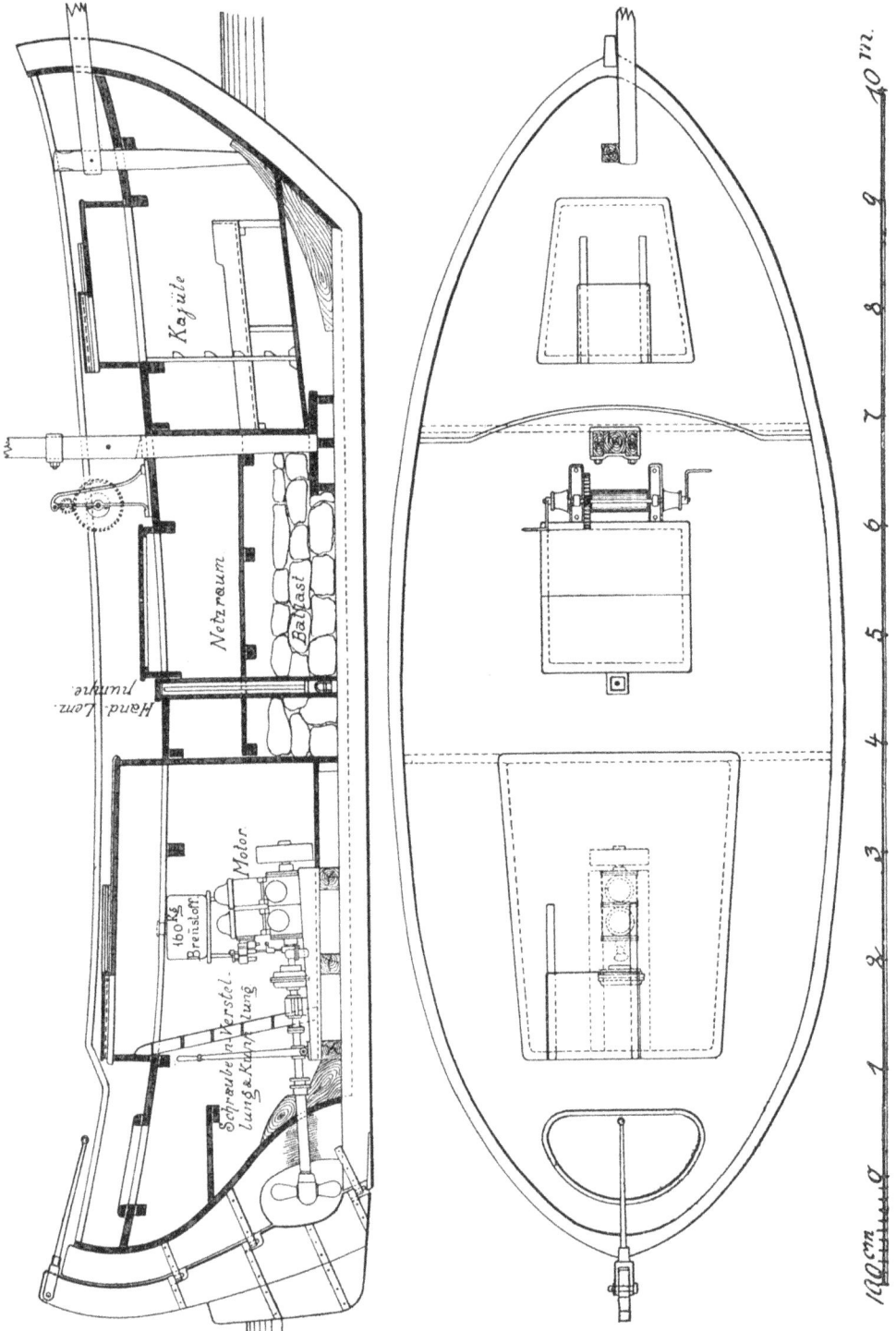

Figur 49. Längenschnitt und Oberansicht von „Rügenwaldermünde 17".

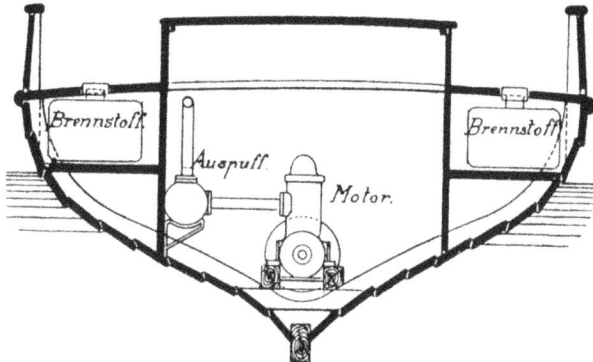

Figur 50. Querschnitt durch den Motor von »Rügenwaldermünde 17«.

B a u a r t und V e r w e n d u n g: Das Fahrzeug ist ein gedeckter
   Kutter. — Es wird im Winter zum Lachsfang mit Angeln,
   im Sommer zum Fang mit der Scherbretterzeese und
   zum Fang mit Stellnetzen benutzt. Da der Sommerbetrieb
   nicht immer lohnend ist, wegen der Größe des Kutters, wird
   er während der guten Jahreszeit in der Regel zeitweise aufgelegt.
B r u t t o g r ö ß e in K u b i k m e t e r: 39,138.
B ü n: Nicht vorhanden.
B a u j a h r: 1894.
B a u o r t: Nexö auf Bornholm.
E r b a u e r: J. H. Brandt.
B a u m a t e r i a l: Eichenholz.
B a l l a s t: 5000 kg Steine, zwischen dem Mast und dem Maschinen-
   raum liegend.
N e t z w i n d e: Fehlt. EineWinde, hinter dem Mast stehend, dient zum
   allgemeinen Schiffsbetrieb, Setzen der Segel usw. Siehe Figur 49.
A n k e r w i n d e: Fehlt. Zum Ankerlichten dient die zuvor er-
   wähnte Winde.
L e n z p u m p e: Eine Pumpe für Handbetrieb steht hinter dem Großluk.
   Siehe Figur 49.
L e t z t e B o d e n r e i n i g u n g v o r d e r S c h l u ß p r ü f u n g:
   Mai 1910.
T i e f g a n g b e i d e r S c h l u ß p r ü f u n g: Vorne 1,58 m, hinten 1,90 m.
A k t i o n s r a d i u s o d e r S t r e c k e in S e e m e i l e n, w e l c h e
   d a s F a h r z e u g m i t d e m M o t o r a l l e i n u n d d e m
   i n d e m V o r r a t s b e h ä l t e r u n t e r b r i n g b a r e n
   B r e n n s t o f f z u r ü c k l e g e n k a n n, b e i 4,7 S e e -
   m e i l e n F a h r t i n d e r S t u n d e: 189.

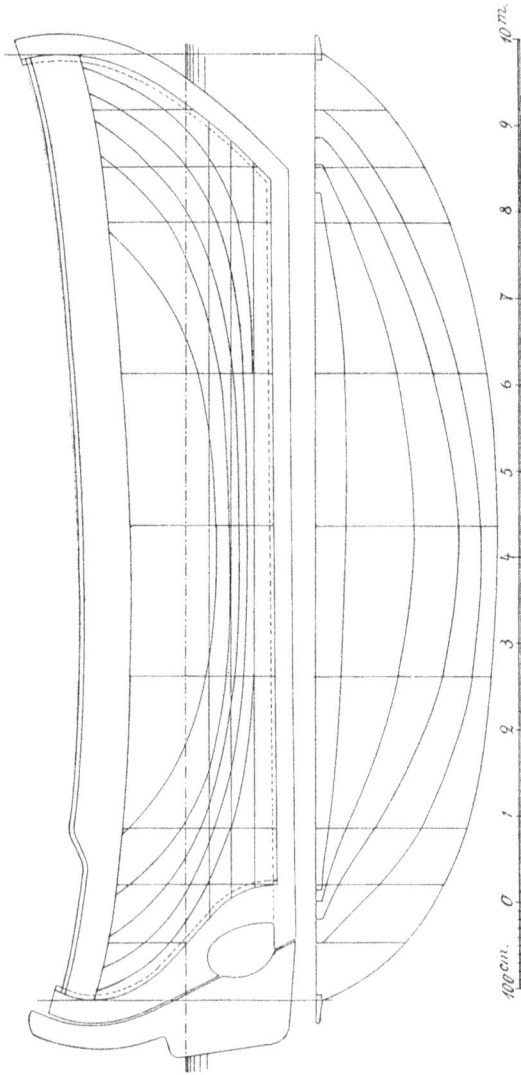

Figur 51. Längenschnitt und Oberansicht der Konstruktion von »Rügenwaldermünde 17«.

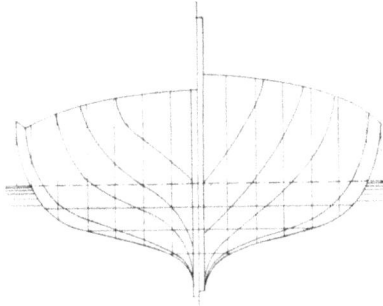

Figur 52. Querschnitt der Konstruktion von »Rügenwaldermünde 17«.

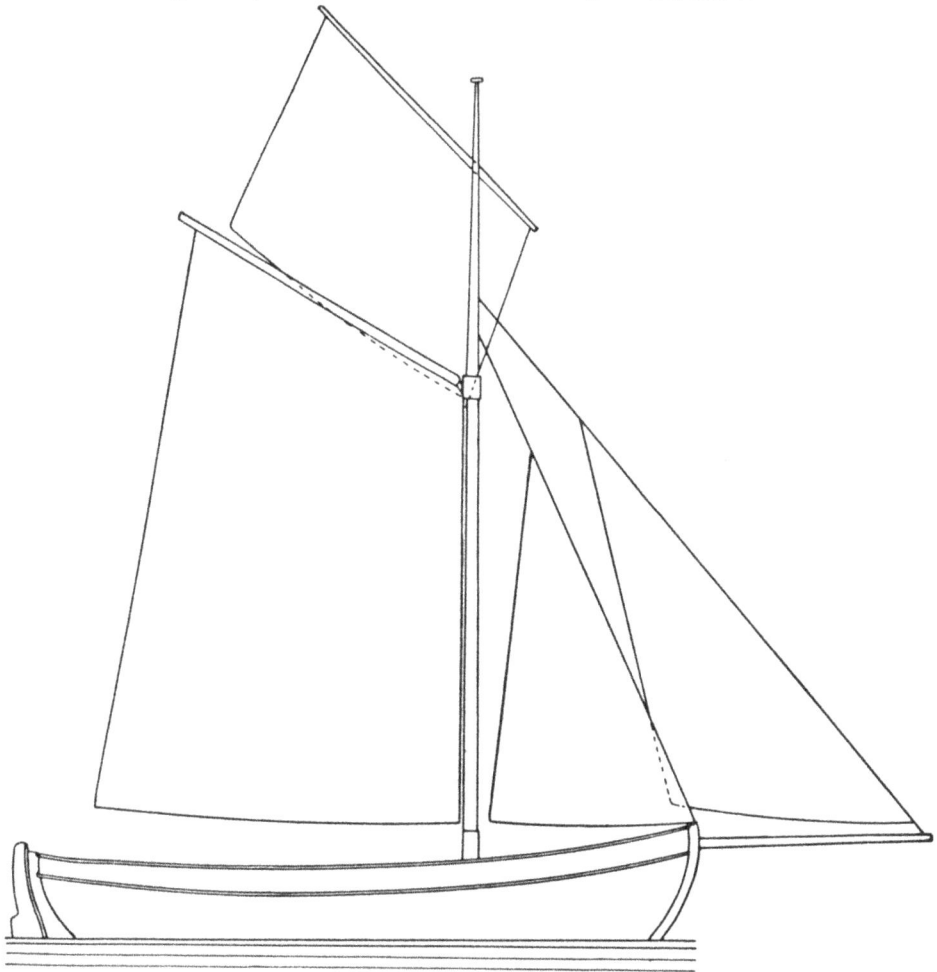

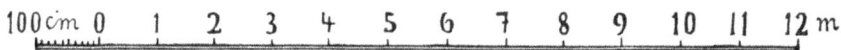

Figur 53. Segelzeichnung von »Rügenwaldermünde 17«.

Abschnitt VIII.

Die Kosten der Motoren sowie der Fahrzeuge, in welchen die Motoren stehen.

Die Preise, zu denen die Fabriken ihre Motoren in den Handel bringen, sind nicht fest. Wir geben hier daher die Preise an, zu denen die Motoren angeboten wurden, als sie von den Fischern zum Wettbewerb übernommen und in die Fahrzeuge eingebaut wurden.

Die Kosten der Winden, welche von einem Motor getrieben werden, haben wir mit angegeben.

Ebenso die Kosten besonderer Pumpenanlagen außer der einfachen Lenzpumpe.

Endlich sind auch die Kosten der Fahrzeuge angegeben, in welchen die Preismotoren stehen.

Swiderski-Zweitakt-Petroleummotor von 8 PS in der Quase »Willi«.

1. Kosten des Motors mit Schraube, Welle, allem Zubehör, Reserveteilen und Aufstellung an Bord, aber ohne Zimmermannsarbeiten für den Einbau   M. 2828,30
2. Kosten des Fahrzeuges mit Takelung und Ausrüstung ohne Fanggerät . . . .   » 1700,00

Gesamtkosten . . .   M. 4528,30

Swiderski-Zweitakt-Rohölmotor von 6 PS in der Quase »Ida«.

1. Kosten des Motors mit Schraube, Welle, allem Zubehör, Reserveteilen und Aufstellung an Bord, aber ohne Zimmermannsarbeiten für den Einbau   M. 2240
2. Kosten des Fahrzeuges mit Takelung und Ausrüstung ohne Fanggerät . . . .   » 1700

Gesamtkosten . . . .   M. 3940

Daevel-Viertakt-Petroleummotor von 8 PS in dem Kutter »Bernhardine«.

1. Kosten des Motors mit Schraube, Welle, allem Zubehör, Reserveteilen und Aufstellung an Bord, aber ohne Zimmermannsarbeiten für den Einbau   M. 4500
2. Kosten der Netzwinde . . . .   » 200
3. Kosten der Bünpumpe mit Rohrleitung und Antrieb . . . .   » 305
4. Kosten des Kutters . . . .   » 4000
5. Kosten der Ausrüstung ohne Fanggeräte . . . .   » 800

Gesamtkosten . . . .   M. 9805

Deutzer Brons-Viertakt-Petroleummotor von 8 PS in dem Kutter »Magdalena«.

1. Kosten des Motors mit Schraube, Welle, allem Zubehör, Reserveteilen und Aufstellung an Bord, aber ohne Zimmermannsarbeiten für den Einbau   M. 4400
2. Kosten des Kutters mit Handwinde und Ausrüstung ohne Fanggeräte . . . .   » 4200

Gesamtkosten . . . .   M. 8600

Grade-Zweitakt-Rohölmotor von 8 bis 10 PS in dem Kutter »Rüg 17«.

1. Kosten des Motors mit Schraube, Welle, allem Zubehör, Reserveteilen und Aufstellung an Bord, aber ohne Zimmermannsarbeiten für den Einbau   M. 3400
2. Kosten des Kutters bei dem Ankauf im Jahre 1909: M. 2200. Der Bau eines solchen Kutters mit Winde und Ausrüstung ohne Fanggeräte hätte im Jahre 1909 gekostet. . . . .   » 5000

Gesamtkosten . . .   M. 8400

Für Fahrzeuge, welche so verschieden an Bauart, Einrichtung und Takelung sind, wie die Seefischereifahrzeuge an den deutschen Küsten, wird sich schwer eine Art Einheitsbaupreis für die Raumeinheit, also für den Kubikmeter der Bruttogröße, ermitteln lassen. Auch die Materialpreise und Löhne werden für verschiedene Orte Unterschiede bedingen.

Die folgende Tafel wird trotzdem einen Anhalt für einen Vergleich der Kosten bieten.

| Name oder Bezeichnung des Fahrzeuges | Kosten in Mark | | | Bemerkungen |
	für den Kubik-meter der Bruttogröße mit Bün, ohne Motor	für eine PSe des Motors	für den Kubik-meter der Bruttogröße mit Motor	
1	2	3	4	5
›Willi‹	65,28	353,54	173,90	Klinker gebaut
›Ida‹	73,31	373,33	169,91	Desgleichen
›Bernhardine‹	114,28	562,50	233,45	Desgleichen
›Magdalena‹	155,39	550,00	318,17	Krawel gebaut
›Rüg 17‹	127,75	425,00	214,62	Klinker gebaut

Die Bruttogröße mit Bün ist dadurch ermittelt, daß der Bün-
inhalt berechnet und der Vermessungsgröße zugezählt wurde. Die
weiteren Angaben darüber finden sich in dem Abschnitt XI auf
Seite 127.

Die Annahme, daß die Lebensdauer eines Verbrennungsmotors
auf 10 Jahre zu veranschlagen sei, läßt sich nicht ohne weiteres
auf die Benutzung dieser Motoren in Fischereifahrzeugen übertragen.
Die Erfahrungen mit diesen Maschinen reichen nicht weit genug
zurück. So viel steht jedoch fest, daß die Preiswürdigkeit eines
Motors nicht allein bedingt wird durch die Höhe der Beschaffungs-
kosten, sondern vor allen Dingen durch:

1. Betriebssicherheit,
2. Dauerhaftigkeit,
3. Billigkeit des Betriebes.

Abschnitt IX.

Die Betriebserfahrungen während des Probejahres auf See.

Wie aus dem Preisausschreiben auf S. 11 ersichtlich ist, wurde für die praktische Probezeit auf See vorgeschrieben:

Behufs Erprobung im Fischereibetriebe auf See muß der Motor mit gesamtem maschinellen Zubehör, Wellenleitungen und Schraube, in ein Fischereifahrzeug eingebaut und mindestens ein volles Jahr in Benutzung gehalten werden. Während dieses Probejahres ist von dem Führer des Fahrzeuges ein Journal zu führen. Die in dieser Zeit an dem Motor vorgenommenen Reparaturen und Überholungsarbeiten sind in das Journal einzutragen.

Die Wartung des Motors und der Winde hat ausschließlich von den Fischern selbst zu erfolgen.

Die Führung des Journals wird von den Vertrauensmännern des Deutschen Seefischerei-Vereins überwacht, denen der Fischer von der jedesmaligen Ankunft in einem Hafen unverzüglich Mitteilung zu machen hat.«

Wir geben nachfolgend Auszüge aus den geführten Journalen und bemerken zunächst zur Erläuterung:

Es bedeutet in diesen Auszügen:

Eine Fangreise eine auf mehr als einen Tag ausgedehnte Reise in See zu Fangzwecken.

Ein Fahrtag oder Fangtag einen Tag, an dem ein Fahrzeug zum Fang in See war, ohne bis zum nächsten Tag in See zu bleiben.

Ein Hafentag einen Tag, an dem ein Fahrzeug ausgerüstet und bemannt war, aber im Hafen oder vor Anker stilllag.

Ein Aufliegetag einen Tag, an dem ein Fahrzeug im Hafen lag, ohne bemannt und ausgerüstet zu sein.

Swiderski-Zweitakt-Petroleummotor

Lfd. Nr.	Jahr und Monat	Fangreisen		Fahrtage oder Fangtage	Hafentage	Aufliege-tage	Motor-betriebs-stunden
		Zahl	Dauer				
1	2	3	4	5	6	7	8
	1909						
1	Juli	3	2 Tage	4	21	—	84$^1/_2$
2	August	6	2—3 Tage	1	14	—	224
3	September	5	2—3 Tage	—	17	1	190$^1/_2$
4	Oktober und November	—	—	—	—	61	—
5	Dezember	—	—	13	3	15	101
	1910						
6	Januar	—	--	25	6	—	147$^1/_2$
7	Februar	—	—	21	7	—	123
8	März	—	—	—	—	31	—
9	April	3	2 Tage	2	11	11	129$^1/_2$
10	Mai	8	2—3 Tage	—	11	—	290$^1/_2$
11	Juni bis 1. Juli	7	2—5 Tage	—	8	—	311
				66	98	119	1601$^1/_2$

1. Motorbetriebsstunden im Probejahr . . . . 1601$^1/_2$
2. Verbrauch an verzolltem Petroleum (Lampenpetroleum) im Probejahr für etwa . . . . 528 ℳ
3. Verbrauch an Petroleum für die Motorbetriebsstunde durchschnittlich für etwa . . . . 33 ₰

von 8 PS in der Quase „Willi".

Fanggegend	Fanggerät	Bruttoerlös aus den Fängen ℳ	₰	Bemerkungen
9	10	11		12
Kieler Bucht der Ostsee	Zeese	160	40	Eine Lockerung der Schraubenflügel beseitigten die Fischer durch Nachziehen.
Kieler Bucht der Ostsee	Zeese	650	25	
Kieler Bucht der Ostsee	Zeese	436	80	
---	—	—	—	
Sonderburger Bucht	Heringswade und Sprottnetze	876	—	
Sonderburger Bucht	Heringswade und Sprottnetze	3586	—	
Sonderburger Bucht und Apenrader Föhrde	Heringswade und Sprottnetze	167	75	
—	—	—	—	
Kieler Bucht der Ostsee	Zeese	317	70	
Kieler Bucht der Ostsee	Zeese	410	50	Am 20. Mai 1910 blieb der Motor während der Fahrt stehen, weil das Drucklager gebrochen war. Die Kontermutter an der Kupplung hatte sich gelöst, festgeklemmt und dadurch den Bruch herbeigeführt. Das Auswechseln des Lagers durch einen Monteur der Fabrik dauerte 10 Stunden. Am 14. Juni sprang die Glühhaube; sie wurde in 1 Stunde durch eine neue ersetzt.
Kieler Bucht der Ostsee	Zeese	574	80	
		7180	20	

4. Verbrauch an Schmiermaterial im Probejahr für etwa . . . . 133 ℳ

5. Verbrauch an Schmiermaterial für die Motorbetriebsstunde durchschnittlich für etwa . . . . 8,3 ₰

6. Bruttoerlös aus den Fängen im Probejahr . . . . 7180,20 ℳ

7. Bruttoerlös für die Motorbetriebsstunde . . . . 4,48 ℳ

Swiderski-Zweitakt-Rohölmotor

| Lfd. Nr. | Jahr und Monat | Fangreisen | | Fahrtage oder Fangtage | Hafentage | Auflege-tage | Motor-betriebs-stunden |
		Zahl	Dauer				
1	2	3	4	5	6	7	8
	1909						
1	August	6	2—4 Tage	3	7	—	193
2	September	—	—	—	—	30	—
3	Oktober	—	—	—	—	31	—
4	November	—	—	4	—	26	22
5	Dezember	—	—	8	—	23	60
	1910						
6	Januar	—	—	15	16	—	$79^1/_2$
7	Februar	—	—	13	15	—	103
8	März	—	—	21	10	—	$107^1/_2$
9	April	5	2 Tage	11	9	—	197
10	Mai	5	2 Tage	10	11	—	213
11	Juni	1	2 Tage	17	11	—	$192^1/_2$
12	Juli	4	2 Tage	11	12	—	200
13	bis 3. August	1	2 Tage	—	1	—	40
				113	92	110	$1407^1/_2$

1. Motorbetriebsstunden im Probejahr . . . . $1407^1/_2$
2. Verbrauch an unverzolltem amerikanischen Rohöl im Probejahr
    für etwa . . . . 300 $\mathcal{M}$
3. Verbrauch an Rohöl für die Motorbetriebsstunde durchschnittlich
    für etwa . . . . 21,3 $\mathcal{S}$

von 6 PS in der Quase „Ida".

Fanggegend	Fanggerät	Bruttoerlös aus den Fängen		Bemerkungen
		ℳ	₰	
9	10	11		12
Kieler Bucht der Ostsee und Kleiner Belt	Zeese und Makrelen- netze	325	60	Durch nichtzentrische Lage der Sternbüchse lief das Lager mehr- fach warm. Der Fehler wurde durch einen Maschinenbauer beseitigt.
—	—	—	—	
—	—	—	—	
—	Herings- wade	15	—	
Sonderburger Bucht	Sprottnetze	27	—	
Eckernförder Bucht	Buttstell- netze und Herings- wade	392	—	
Eckernförder Bucht	Buttstell- netze	538	—	
Eckernförder Bucht	Buttstell- netze und Heringswade	193	—	
Eckernförder und Kieler Bucht der Ostsee	Zeese, Butt- stellnetze u. Heringswade	354	—	
Kieler Bucht der Ostsee	Zeese u. Butt- stellnetze	554	—	
Kieler Bucht der Ostsee	Zeese u. Butt- stellnetze	697	—	
Kieler Bucht der Ostsee	Zeese u. Butt- stellnetze	725	—	
Kieler Bucht der Ostsee	Zeese	104	—	
		3924	60	

4. Verbrauch an Schmiermaterial im Probejahr für etwa . . . . . .   155 ℳ

5. Verbrauch an Schmiermaterial für die Motorbetriebsstunde, durchschnittlich für etwa . . . .   11,0 ₰

6. Bruttoerlös aus den Fängen im Probejahr . . . .   3924,60 ℳ

7. Bruttoerlös für die Motorbetriebsstunde . . . .   2,79 ℳ

Daevel-Viertakt-Petroleummotor

Lfd. Nr.	Jahr und Monat	Fangreisen		Fahrtage oder Fangtage	Hafentage	Aufliege- tage	Betriebs- stunden	
		Zahl	Dauer				des Motors	der Netz- winde
1	2	3	4	5	6	7	8	9
	1909							
1	August	3	2 Tage	3	11	—	88¹/₂	22
2	September	6	2—3 Tage	3	12	—	127	23
3	Oktober	6	2—3 Tage	4	12	—	98	17
4	November	2	2 Tage	6	7	13	26	1
5	Dezember	—	—	—	—	31	—	—
	1910							
6	Januar	—	—	3	—	28	10	7
7	Februar	—	—	—	—	28	—	—
8	März	—	—	1	—	29	3	—
9	April	4	2—3 Tage	5	3	10	68	9
10	Mai	6	2—4 Tage	7	7	—	132	17
11	Juni	7	2 Tage	5	11	—	108¹/₂	18
12	Juli	8	2—4 Tage	2	12	—	153	15
13	Bis 12. August	4	2 Tage	—	4	—	85	6
				39	79	139	899	135

1. Motorbetriebsstunden im Probejahr   899

2. Verbrauch an Petroleum (Lampenpetrol.) im Probejahr für etwa   500 ℳ
   (In Kuxhaven und in dänischen Häfen, welche der Kutter anlief,
         war das gekaufte Petroleum zollfrei.)

3. Verbrauch an Petroleum für die Motorbetriebsstunde, durchschnittlich etwa . . . .   55 ₰

von 8 PS in dem Kutter „Bernhardine".

Fanggegend	Fanggerät	Brutto-erlös aus den Fängen		Bemerkungen
		ℳ	₰	
10	11	12		13
Mecklenburger Bucht in der Ostsee	Snurrwade und Scheer-bretterzeese	78	—	
Oderbank und Adlergrund in der Ostsee	Scheer-bretterzeese	299	—	
—	Snurrwade und Scheer-bretterzeese	449	—	Am 31. Oktober trieb der Kutter bei schwerem auflandigen Sturm aus NNO unter Prerow hoch auf den Strand.
Nördl. Darßerort, Plantagenet-grund und Prerowbank in der Ostsee	Scheer-bretterzeese	133	—	Nachdem der in die Kühlwasserleitung gedrungene Sand entfernt war, konnte der Motor ohne weiteres wieder in Betrieb genommen und sofort zum
—	—	—	—	Abbringen des Kutters mitbenutzt werden.
—	—	—	—	Im Januar schlug die Schraube, während der Kutter in
—	—	—	—	Fahrt war, auf einen abgebrochenen Netzpfahl, wodurch beide Flügel der Schraube so verbogen wurden, daß sie nicht
Prerowbank und Oderbank sowie nördl. Darßerort in der Ostsee	Scheer-bretterzeese	115	—	mehr vom Steven frei gingen. Der Kutter mußte dann in Wieck auf Wittow aufgeschleppt und die Schraube abgenommen werden. Die
Oderbank, Plantagenetgrund, auf der Höhe von Pillau und Rügenwaldermünde in der Ostsee	Scheer-bretterzeese	602	—	Flügel der Schraube konnten wieder gerade gerichtet werden, und der Motor war auch diesmal sofort wieder betriebsfähig.
Nördlich Darßerort, Mecklenb. Bucht u. westl. Plantagenet-grund in der Ostsee	Scheer-bretterzeese	414	—	Im Winter ist der Motor von dem Kapitän auseinandergenommen und in allen Teilen mit Talg eingerieben worden, um ihn vor Rost zu schützen.
Bei der Insel Helgoland in der Nordsee und in der Ostsee: Kadet-Rinne und nördlich Darßerort	Scheer-bretterzeese	480	—	Nach der Winterruhe hat der Kapitän die Maschine wieder allein zusammengesetzt. Sie konnte dann ohne irgendwelche Anstände wieder in
Nördlich Darßerort in der Ostsee	Scheer-bretterzeese	252	—	Betrieb genommen werden.
		2822	—	

4. Verbrauch an Schmiermaterial im Probejahr für etwa . . . . . 80 ℳ

5. Verbrauch an Schmiermaterial für die Motorbetriebsstunde durchschnittlich etwa . . . . 9 ₰

6. Bruttoerlös aus den Fängen im Probejahr . . . . 2822 ℳ

7. Bruttoerlös für die Motorbetriebsstunde . . . . 3,14 ℳ

Deutzer Brons-Petroleum-Viertaktmotor

| Lfd. Nr. | Jahr und Monat | Fangreisen | | Fahrtage oder Fangtage | Hafentage | Aufliege-tage | Motor-betriebs-stunden |
		Zahl	Dauer				
1	2	3	4	5	6	7	8
	1909						
1	November	—	—	19	9	—	42
2	Dezember	—	—	8	9	14	9
	1910						
3	Januar	—	—	—	—	31	—
4	Februar	—	—	11	8	9	9
5	März	—	—	19	12	—	71
6	April	—	—	21	9	—	71
7	Mai	—	—	21	10	—	1J9
8	Juni	—	—	26	4	—	136
9	Juli	—	—	25	6	—	126
10	August	—	—	26	5	—	130
11	September	—	—	28	2	—	185
12	Oktober bis 3. November	—	—	14	17	—	69
				218	91	54	967

1. Motorbetriebsstunden im Probejahr 967
2. Verbrauch an Petroleum (Lampenpetrol.) im Probejahr für etwa   538,17 $\mathcal{M}$
    (Das in Kuxhaven angekaufte Petroleum war zollfrei.)
3. Verbrauch an Petroleum für die Motorbetriebsstunde durch-
    schnittlich für etwa . . . . 55,6 $\mathcal{Z}$

von 8 PS in dem Kutter „Magdalena".

Fanggegend	Fanggerät	Brutto-erlös aus den Fängen		Bemerkungen
		ℳ	₰	
9	10	11		12
Oste und Unterelbe	Krabbenkurre u.Stinthamen	54	40	
Unterelbe	Stinthamen	25	45	
—	—	—	—	
Unterelbe	Stinthamen	40	—	
Elbmündung	Krabben-kurre	440	59	
Elbmündung	Krabben-kurre	427	90	
Elbmündung	Krabben-kurre	563	64	
Elbmündung und Unterelbe	Krabben-kurre	485	90	
Elbmündung und Oste	Krabben-kurre	319	—	
Unterelbe und Oste	Krabben-kurre	430	20	
Oste	Krabben-kurre	555	70	
Unterelbe und Oste	Krabben-kurre	240	50	Am 14. Oktober ließ der Fischer den Motor wegen unruhigen Ganges stehen, er fand, daß sich 5 Kolbenringe festgesetzt hatten, welche beim Abnehmen zerbrachen. Durch Einsetzen neuer Kolbenringe durch den Fischer wurde der Schaden gehoben. Die Betriebsstörung dauerte 9 Tage. Beim Inbetriebsetzen konnte der Motor nicht auf volle Kraft gebracht werden. Vom Monteur untersucht, ergab sich, daß die Petroleum-Regulierschraube an der unteren Seite etwas abgenutzt war. Deshalb wurde der Maschine nicht genügend Brennstoff zugeführt. Durch Anziehen der Schraube wurde der Fehler beseitigt. Die Betriebsstörung dauerte 4 Tage.
		3583	28	

4. Verbrauch an Schmiermaterial im Probejahr für etwa . . . . . . 138,66 ℳ

5. Verbrauch an Schmiermaterial für die Motorbetriebsstunde durchschnittlich für etwa . . . . 14,3 ₰

6. Bruttoerlös aus den Fängen im Probejahr . . . . 3583,28 ℳ

7. Bruttoerlös für die Motorbetriebsstunde . . . . 3,70 ℳ

Grade-Zweitakt-Rohölmotor

Lfd. Nr.	Jahr und Monat	Fangreisen		Fahrtage oder Fangtage	Hafentage	Aufliege-tage	Motor-betriebs-stunden
		Zahl	Dauer				
1	2	3	4	5	6	7	8
	1909						
1	November	1	1 Tag	1	3	—	$4^1/_2$
2	Dezember	—	—	4	27	—	35
	1910						
3	Januar	—	—	6	25	—	$18^1/_2$
4	Februar	—	—	5	23	—	17
5	März	} 7	2 Tage	14	45	—	17
6	April						
7	Mai	5	2 Tage	20	11	—	103
8	Juni	—	—	—	—	30	—
9	Juli	—	—	—	—	31	—
10	August	—	—	—	—	31	—
11	September	—	—	5	—	25	39
12	Oktober	—	—	11	20	—	55
13	November	—	—	8	18	—	40
		13		74	172	117	329

1. Motorbetriebsstunden im Probejahr   329
2. Verbrauch an Motorbrennstoff im Probejahr für etwa . . . . .   276,45 ℳ
     (Als Motorbrennstoff wurde teils verzolltes galizisches Rohöl, teils
       verzolltes Lampenpetroleum verwendet.)
3. Verbrauch an Brennstoff für die Motorbetriebsstunde durchschnitt-
     lich für etwa . . . .   84 ₰

von 8 bis 10 PS in dem Kutter „Rüg 17".

Fanggegend	Fanggerät	Bruttoerlös aus den Fängen		Bemerkungen
		ℳ	₰	
a	10	11		12
—	—	—	—	
In der Ostsee bei der Halbinsel Hela	Heringsnetze und Lachsangeln	—	—	
In der Ostsee bei der Halbinsel Hela	Lachsangeln	482	30	
In der Ostsee bei der Halbinsel Hela	Lachsangeln	42	—	Am 17. Februar sprang der Motor nach kurzem Stillstand auf See rückwärts an und brannte durch. Infolgedessen brach ein Rohr der Kühlwasserpumpe und schlug auf die Stange des Antriebexzenters für die Brennstoffpumpe. Die Stange verbog sich und brach ab. Die Maschine blieb darauf wegen Mangels an Brennstoffzufuhr stehen. Die zerbrochenen Teile wurden von der Fabrik ersetzt. — Erst am 20. April war die Reparatur beendet, und der Motor konnte wieder in Betrieb genommen werden.
Stolper Bank in der Ostsee	Dorschangeln und Lachsnetze	}1035	—	
Stolper Bank und Oderbank in der Ostsee	Flunder- und Steinbuttnetze	187	50	
—	—	—	—	
—	—	—	—	
—	—	—	—	
Auf der Höhe von Rügenwaldermünde in der Ostsee	Scherbretterzeese	151	—	
Auf der Höhe von Rügenwaldermünde in der Ostsee	Scherbretterzeese	991	—	
Auf der Höhe von Rügenwaldermünde in der Ostsee	Scherbretterzeese	285	75	
		3174	55	

4. Verbrauch an Schmiermaterial im Probejahr für etwa . . . . . .   99,50 ℳ

5. Verbrauch an Schmiermaterial für die Motorbetriebsstunde durchschnittlich für etwa . . . .   30 ₰

6. Bruttoerlös aus den Fängen im Probejahr . . . .   3174,55 ℳ

7. Bruttoerlös für die Motorbetriebsstunde . . . .   9,65 ℳ

Die Einflüsse auf den Fangerlös sind bei verschiedenen Fahrzeugen und in verschiedenen Gegenden so verschieden, daß sich aus einem Vergleich der verschiedenen Ergebnisse schwer Schlüsse ziehen lassen. Wind und Wetter sowie das Glück bei dem Aufsuchen der Fische und Fischzüge spielen eine große Rolle. Trotzdem und obgleich die Ergebnisse eines Jahres, besonders die eines Motorprobejahres, nicht als abschließend gelten können, haben wir folgenden Vergleich angestellt:

Name des Fahrzeuges	Kosten von Motor und Fahrzeug *M*	Gesamterlös aus den Fängen im Probejahr *M*	Erlös für die für die Motorbetriebsstunde im Probejahr *M*	Bemerkungen
1	2	3	4	5
»Willi«	4528,3	7180,2	4,48	
»Ida«	3940,0	3924,6	2,79	
»Bernhardine«	9805,0	2822,0	3,14	
»Magdalena«	8600,0	3583,28	8,70	
»Rüg 17«	8400,0	3174,55	9,65	Der hohe Wert des Erlöses für die Motorbetriebsstunde ist durch vielfache Fangfahrten unter Segel entstanden.

Berücksichtigt man, daß die Kosten von Motor und Fahrzeug in längstens zehn Betriebsjahren abgetragen werden müssen, und daß der Motor desto schneller verschleißt und erneuert werden muß, je mehr er benutzt wird, so ergibt sich, daß man bei einem Fahrzeug mit Hilfsmaschine den Motor grundsätzlich nur dann benutzen soll, wenn die Segel für die Reise und bei dem Fang zur Fortbewegung nicht mehr ausreichen.

Abschnitt X.

Die Betriebserfahrungen bei der Schlußprüfung.

Nach S. 13 bestanden für die Schlußprüfung folgende Bedingungen:

»Nach Beendigung d e s P r o b e j a h r e s wird eine erneute Prüfung des Motors durch die Preisrichter vorgenommen; diese Prüfung erstreckt sich im wesentlichen auf dieselben Punkte wie die Vorprüfung m i t A u s n a h m e d e r B r e m s u n g. Hinzu kommt eine Untersuchung auf Abnutzung, außerdem wird die S c h r a u b e n wirkung und die Umsteuerung des Motors o d e r der Schraube untersucht. D i e U n t e r s u c h u n g n a c h d e r P r o b e z e i t w i r d a b g e s c h l o s s e n d u r c h e i n e a c h t s t ü n d i g e p r a k t i s c h e S c h l u ß p r ü f u n g a n B o r d d e s F a h r z e u g s d u r c h M i t g l i e d e r d e s P r e i s g e r i c h t s u n t e r Z u z i e h u n g e i n e s F a b r i k - v e r t r e t e r s.«

Die Fahrzeuge waren für die Schlußprüfungsfahrt vollständig bemannt, getakelt und seemännisch sowie mit dem üblichen Fanggerät ausgerüstet.

Da an Fanggeräten auf den Prüfungsfahrten die Zeese und die Krabbenkurre benutzt wurden, geben wir nachfolgend eine Darstellung dieser Geräte mit kurzer Erläuterung. — Außerdem kommt für die Beurteilung der Motoren und der Fahrzeuge die Snurrwade in Betracht, von der wir gleichfalls eine Darstellung mit Beschreibung folgen lassen.

Die Zeese,
dargestellt in Figur 54.

Der Kutter schleppt die auf dem Meeresgrund liegende Zeese, ein beutelförmiges Netz. Dasselbe wird bei der Vorwärtsbewegung durch die nach außen ausweichenden Scheerbretter offen gehalten. Die Streuerbündel aus Stroh an der Streuerleine scheuchendie Fische auf.

Die Krabbenkurre,
dargestellt in Figur 55.

Sie wird von dem fangenden Fahrzeug über den Grund geschleppt, so wie aus der schematischen Darstellung ersichtlich ist.

Die Snurrwade,
dargestellt in Figur 56.

In dem gewählten Beispiel ist der Wind Norden. Der Strom setzt von Norden nach Süden. Der Kutter liegt bei A vor Anker. Die Wade wird in das Beiboot des Kutters, welches oft ein Motorboot ist, gebracht. Außerdem werden die Wadenleinen in das Boot geschossen. Dieses fährt ab, läßt das Ende der einen Leine an Bord des Kutters, bringt diese Leine in großem Bogen aus und läßt die Wade bei B fallen. Darauf wird die zweite Leine nach der anderen Seite hin in großem Bogen ausgefahren und der Tamp an Bord desKutters gegeben. Die Leinen werden an Bord des Kutters gleichmäßig eingehievt und die Wade wird über den Grund an den Kutter herangeschleppt.

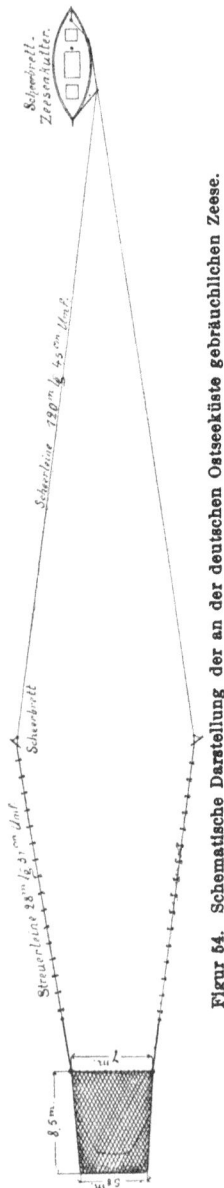

Figur 54. Schematische Darstellung der an der deutschen Ostseeküste gebräuchlichen Zeese.

Figur 55. Schematische Darstellung der Krabbenkurre der deutschen Nordseeküste.

Haben Wind und Strom nicht gleiche Richtung, so muß unter Umständen die Wade von vorn, von hinten oder von einem Quarter ausgefahren werden.

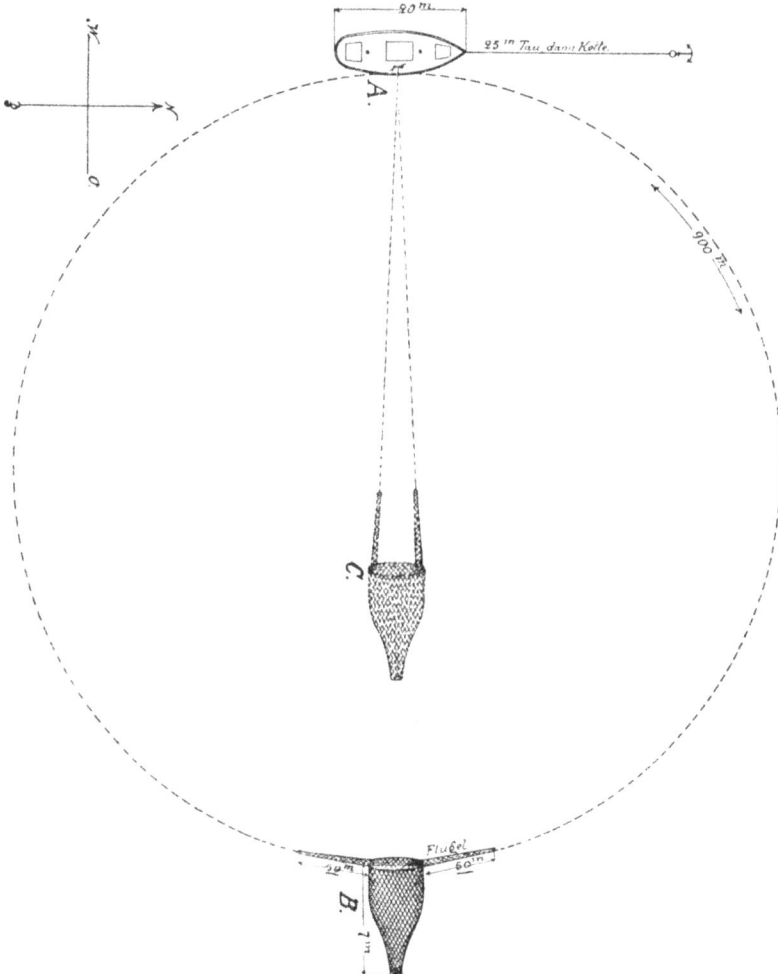

Figur 56. Schematische Darstellung des Fanges mit der Snurrwade.
Erklärung der Darstellung.
A. Fischkutter.
B. Ausgefahrene Snurrwade.
C. Halbwegs eingeholte Snurrwade.
— — — — Wadenleine bei der Ausbringung.
——————— Wadenleine beim Einholen und Ankerkette.

Die Fahrzeuge waren für die Schlußprüfungsfahrten mit Motorbrennstoff und Schmiermaterial so versehen, daß beides für den Betrieb des Motors mit ganzer Kraft auf 8 Stunden ausreiche.

Die Fahrtmessungen wurden bei den Schlußprüfungen mit dem gewöhnlichen Logg[1]) unter Benutzung eines 14-Sekundenglases und mit der in der Handelsmarine üblichen Knotenlänge von 7,2 m gemacht. Alle diese Messungen wurden auf Windstille oder flaues Wetter und glatte See reduziert. Hierbei war man auf Schätzung angewiesen, weil andere Mittel nicht zur Verfügung standen.

Swiderski-Petroleum-Zweitaktmotor von 8 PS in der Quase »Willi«.

Die Prüfungsfahrt wurde vom Hafen zu Laboe bei Kiel aus gemacht; sie begann am 8. Juli 1910 um 8 Uhr 18 Min. vormittags und endete an demselben Tag um 4 Uhr 47 Min. nachmittags. Das Prüfungsgebiet war die Kieler Außenföhrde und die Kieler Bucht der Ostsee. Der Wind war NW; seine Stärke betrug zu Beginn der Fahrt 5 bis 6 nach der Beaufortskala; sie nahm bis zum Schluß der Fahrt auf Stärke 1 ab. Der Himmel war leicht bedeckt. Der zu Anfang der Fahrt grobe Seegang nahm mit der Windstärke ab.

Zur Messung des Verbrauches an Motorbrennstoff und Schmiermaterial wurde am 9. Juli noch eine einstündige Fahrt gemacht.

Ergebnis der Fahrtmessungen am 8. Juli:

Lfde. Nr.	Stellung der Schraubenflügel	Mittlere Umdrehungszahl der Schraube in der Minute	Mittlere Fahrt in Seemeilen in der Stunde mit dem Motor ohne Segelhilfe bei Windstille oder flauem Wetter u. glatter See	Bemerkungen
1	2	3	4	5
1	Ganze Kraft voraus	303	5,5	
2	Halbe Kraft voraus	280	4,3	
3	Viertel Kraft voraus	206	3,2	
4	Halbe Kraft voraus mit ausgesetzter Zeese	240	0,8	Die Zeese wurde in 19 m Wassertiefe auf Sandgrund ausgesetzt.

[1]) Eine Beschreibung dieser Loggvorrichtung findet sich in dem Deutschen Seefischerei-Almanach für 1911 auf S. 174 bis 176. Der Almanach wird von dem Deutschen Seefischerei-Verein herausgegeben und von der Hahnschen Buchhandlung in Hannover und Leipzig verlegt.

Das Ein- und Auskuppeln der Schraube, ihre Umsteuerung von Vorwärts- auf Rückwärtsgang sowie ihre Einstellung auf verschiedene Kraftleistungen konnten anstandslos ausgeführt werden.

Die Ruderwirkung und die Steuerfähigkeit des Fahrzeuges waren gut.

Die an den Motor gekuppelte Lenzpumpe versagte, so daß das Wasser aus dem Hinterschiff ausgeöst werden mußte. Das Saug- und Druckrohr der Pumpe war undicht.

Die Zeese- und Streuerleinen wurden von Hand eingeholt. Eine Winde ist zu dem Zweck nicht vorhanden.

Swiderski-Rohöl-Zweitaktmotor von 6 PS in der Quase »Ida«.

Die Prüfungsfahrt wurde vom Hafen zu Eckernförde aus gemacht; sie begann am 28. September 1910 um 8 Uhr 13 Min. vormittags und endete an demselben Tage um 4 Uhr 13 Min. nachmittags.

Das Prüfungsgebiet war die Eckernförder Bucht und die Kieler Bucht der Ostsee.

Der Wind war still oder flau, seine Stärke kam nicht über 1. Das Wetter war leicht diesig.

Zur Messung des Verbrauches an Brennstoff und Schmiermaterial wurde am 29. September noch eine einstündige Fahrt gemacht.

Ergebnis der Fahrtmessungen am 28. September:

Lfde. Nr.	Stellung der Schraubenflügel	Mittlere Umdrehungszahl der Schraube in der Minute	Mittlere Fahrt in Seemeilen in der Stunde mit dem Motor ohne Segelhilfe bei Windstille oder flauem Wetter u. glatter See	Bemerkungen
1	2	3	4	5
1	Ganze Kraft voraus	324	5,0	
2	Halbe Kraft voraus	264	4,1	
3	Ganze Kraft voraus mit ausgesetzter Zeese	352	1,5	Die Zeese wurde in 18 m Wassertiefe auf Sandgrund ausgesetzt.

Das Ein- und Auskuppeln der Schraube, ihre Umsteuerung von Vorwärts- auf Rückwärtsgang sowie ihre Einstellung auf verschiedene Kraftleistungen konnten anstandslos ausgeführt werden.

Die Ruderwirkung und die Steuerfähigkeit des Fahrzeuges waren gut.

Die an den Motor gekuppelte Lenzpumpe ist nicht zuverlässig, sie lenzt nur das Hinterschiff.

Die Zeese- und Streuerleinen wurden von Hand eingeholt. Eine Winde ist zu dem Zweck nicht vorhanden.

Daevel-Petroleum-Viertaktmotor von 8 PS in dem Kutter »Bernhardine«.

Die Prüfungsfahrt wurde vom Hafen zu Stralsund aus gemacht; sie begann am 12. Oktober 1910 um 8 Uhr 29 Min. vormittags und endete an demselben Tage um 4 Uhr 30 Min. nachmittags.

Das Prüfungsgebiet war der Strelasund (Fahrwasser unmittelbar östlich vom Stralsunder Hafen.)

Der Wind war SSO mit Stärke 1 bis 2. Der Himmel war klar, die See glatt.

Zur Messung des Verbrauches an Motorbrennstoff und Schmiermaterial wurde am 13. Oktober noch eine einstündige Fahrt gemacht.

Ergebnisse der Fahrtmessungen am 12. Oktober:

Lfde. Nr.	Stellung der Schraubenflügel	Mittlere Umdrehungszahl der Schraube in der Minute	Mittlere Fahrt in Seemeilen in der Stunde mit dem Motor ohne Segelhilfe bei Windstille oder flauem Wetter u. glatter See	Bemerkungen
1	2	3	4	5
1	Ganze Kraft voraus	383	4,0	
2	Halbe Kraft voraus	265	2,5	
3	Ganze Kraft voraus mit ausgesetzter Zeese	320	1,0	Die Zeese wurde in 7 m Wassertiefe ausgesetzt. Grund: Sand mit Steinen und Schlick.

Das Ein- und Auskuppeln der Schraube, ihre Umsteuerung von Vorwärts- auf Rückwärtsgang sowie ihre Einstellung auf verschiedene Kraftleistungen konnten anstandslos ausgeführt werden.

Die Ruderwirkung und die Steuerfähigkeit des Fahrzeuges waren sehr gut.

Mit der für den Snurrwadenbetrieb bestimmten und deshalb längsschiffs stehenden Winde wurden auch die Zeeseleinen eingehievt, was als Notbehelf angesehen werden kann.

Deutzer Brons-Petroleum-Viertaktmotor von 8 PS in dem Kutter »Magdalena«.

Die Prüfungsfahrt wurde vom Hafen zu Glückstadt a. E. aus gemacht; sie begann am 9. November 1910 um 8 Uhr 14 Min. vormittags und endete an demselben Tage um 4 Uhr 15 Min. nachmittags.

Das Prüfungsgebiet war die Unterelbe zwischen Glückstadt und Brunsbüttel.

Der Wind war böig aus SW bzw. W.; in Stärke zwischen 2 und 4 wechselnd. Der Himmel war wolkig, die See ziemlich glatt.

Zur Messung des Verbrauchs an Motorbrennstoff und Schmiermaterial wurde am 10. November noch eine einstündige Fahrt gemacht.

Ergebnis der Fahrtmessungen am 9. November:

Lfde. Nr.	Stellung der Schraubenflügel	Mittlere Umdrehungszahl der Schraube in der Minute	Mittlere Fahrt in Seemeilen in der Stunde mit dem Motor ohne Segelhilfe bei Windstille oder flauem Wetter u. glatter See	Bemerkungen
1	2	3	4	5
1	Ganze Kraft voraus	352	4,7	
2	Halbe Kraft voraus	352	2,5	
3	Ganze Kraft voraus mit ausgesetzter Krabbenkurre	352	1,0	Die Kurre wurde in 2,8 m Wassertiefe auf Schlickgrund ausgesetzt.

Die Ein- und Auskupplung der Schraube, ihre Umsteuerung von Vorwärts- auf Rückwärtsgang, sowie ihre Einstellung auf verschiedene Kraftleistungen konnten anstandslos ausgeführt werden.

Die Ruderwirkung wurde durch die Größe des Ruderblattes und durch die Kürze der Ruderpinne beeinträchtigt. Das Ruderblatt wurde nach Inbetriebsetzung des Fahrzeuges durch Ansetzen eines Stückes von etwa 0,4 m Breite vergrößert, weil die Steuerfähigkeit nicht ausreichte. Hier wäre unter anderem eine Radsteuervorrichtung besser gewesen als die Ruderpinne.

Eine durch den Motor betriebene Lenzpumpe ist nicht vorhanden. Jede der vor und hinter der Bün befindlichen beiden Saug-
und Druckpumpen für Handbetrieb konnte mit einem Hub 2,5 l
Wasser fördern.

Mit der am Mast stehenden Netzwinde für Handbetrieb wurde
die Krabbenkurre in 2½ Minuten durch zwei Mann eingehievt.

Grade-Rohöl-Zweitaktmotor von 8 bis 10 PS in dem Kutter »Rüg 17«.

Die Prüfungsfahrt wurde vom Hafen zu Rügenwaldermünde
aus gemacht; sie begann am 7. Dezember 1910 um 8 Uhr 27 Min. vormittags und endete an demselben Tage um 4 Uhr 30 Min. nachmittags.

Das Prüfungsgebiet war die Ostsee vor Rügenwaldermünde.

Der Wind war SSW bei Stärke 1 bis 2; der Himmel war bedeckt, die See glatt.

Zur Messung des Verbrauchs an Motorbrennstoff und Schmiermaterial wurde am 8. Dezember noch eine einstündige Fahrt gemacht.

Ergebnis der Fahrtmessungen am 7. November:

Lfde. Nr.	Stellung der Schraubenflügel	Mittlere Um-drehungszahl der Schraube in der Minute	Mittlere Fahrt in See-meilen in der Stunde mit dem Motor ohne Segelhilfe bei Wind-stille oder flauem Wetter u. glatter See	Bemerkungen
1	2	3	4	5
1	Ganze Kraft vor-aus	420	4,7	Mit halber und viertel Kraft konnte nicht ge-fahren werden, auch ließen sich Manöver mit der Maschine nicht machen, weil Kupp-lung und Umsteuerung nicht gangbar und fest-gekeilt waren.
2	Desgleichen mit ausgesetzter Zeese	440	1,5	Die Zeese wurde in 15 m Wassertiefe auf Sandgrund ausgesetzt.

Über die Manöver siehe Bemerkung in Spalte 5.

Die Ruderwirkung war normal. Eine Radsteuerung würde der
Pinne vorzuziehen sein.

Eine durch den Motor betriebene Lenzpumpe fehlt.

Die hinter dem Mast stehende Winde für Handbetrieb, dargestellt in der Figur 49, wurde zum Einholen der Zeeseleinen nicht
verwendet.

Abschnitt XI.

Die Erfahrungen bei der Bestellung, beim Einbau und im Betrieb sowie die Verwertung der Summe dieser Erfahrungen.

Die durch das Motorenpreisausschreiben gewonnenen Erfahrungen in ihrer Summe nach allen Richtungen hin nutzbar zu machen, ist von Bedeutung.

Wir gliedern den Stoff wie folgt:

1. Die Bestellung des Motors.
2. Sein Einbau.
3. Der Betrieb mit den Unterabteilungen:
   a) Beobachtung der wahrgenommenen Mängel und deren Abhilfe.
   b) Verhältnis des Motors zum Fahrzeug.
   c) Die Unterstützung kleiner Schiffbauwerften.
   d) Die Ausnutzung der Motorkraft für den Fangbetrieb und für den allgemeinen Schiffsbetrieb.
   e) Die Ausrüstung und Einrichtung der Fahrzeuge nach neuen Gesichtspunkten.

Die Bestellung des Motors.

Wenn ein Fischer einen Motor für sein Fahrzeug oder Boot bei einer Fabrik bestellen will, so wird er zunächst um Zusendung von Beschreibung und Zeichnung (Prospekt) sowie um den Preiskurant zu bitten haben. Es handelt sich hier um:

1. eine Beschreibung und Darstellung, die möglichst einfach und leichtverständlich sein muß;
2. klare und bündige Angabe der G a r a n t i e z e i t[1]) und der Gewährleistung der Fabrik für die Gebrauchs- und

---

[1]) Man fordere möglichst ein ganzes Jahr Garantiezeit.

Höchstleistung der Maschine[1]) sowie für den Brennstoff-
und Schmierölverbrauch und für das gute Arbeiten des
Motors nach Einbau;

3. Auskunft über:
   a) den Preis des Motors mit Einschluß der Heckwelle, der
      Kupplung und der Schraube nebst Zubehör;
   b) die Zahl und den Preis der mit dem Motor zu liefernden
      Reserveteile;
   c) die Kosten des Einbaues des Motors mit Einschluß aller
      an dem Fahrzeug oder Boot nötigen, durch Schiffszimmer-
      leute auszuführenden Arbeiten;
   d) Festsetzung der Zahlungsbedingungen.

Je kürzer und klarer alle diese Auskünfte von der Fabrik gegeben
werden, desto besser.

Erwünscht ist unter anderem, daß in den geforderten Preis die
Kosten für den Einbau mit allen Schiffszimmermannsarbeiten eingeschlossen werden. Der Fabrik wird daher zu empfehlen sein, daß
sie Kosten für einen etwa von ihr zu entsendenden Monteur nicht
besonders berechnet, und daß sie die Schiffszimmermannsarbeiten
mit in ihre Preisforderung aufnimmt. Daraus folgt, daß sie mit der
Schiffs- oder Bootsbauwerft, welche die Arbeiten ausführt, zusammenarbeiten muß. Auf diese wichtige Forderung kommen wir später
mehrfach zurück.

Der Einbau des Motors.

Für den richtigen Einbau des Motors bestehen folgende Forderungen:

1. Guter und fester Unterbau im Fahrzeug oder Boot, der
   unter Umständen durch Vermehrung und Verstärkung der
   Inhölzer erreicht werden muß.
2. Gute und feste Verbolzung des Motors mit dem Unterbau
   in solcher Weise, daß er bei den schwersten Schlingerbe-
   wegungen des Fahrzeuges oder Bootes im Seegang feststeht.
3. Richtige und zentrische Lage der Heckwelle und der Sternbüchse.
4. Richtige Lage der Schraube hinter dem Steven unter Be-
   rücksichtigung der Linien des Fahrzeuges oder Bootes und
   seines Ruders.

---

[1]) Die erforderliche Höchstleistung eines Motors für längeren Betrieb soll
die Gebrauchsleistung um etwa 20 %ₒ überschreiten. Ein Motor von 10 PS Gebrauchsleistung muß also mindestens 12 PS Höchstleistung haben.

Je kleiner der im Hinterschiff und unter Umständen am Ruder für die Schraube gemachte Ausschnitt (Schraubenloch) ist, desto wirksamer wird diese im allgemeinen arbeiten.

Die Ausführung aller dieser Arbeiten bedingt die Mitwirkung eines erfahrenen Schiffbautechnikers; auch hier tritt also die Wichtigkeit eines Zusammenarbeitens von Schiffbauer und Motorbauer in die Erscheinung.

Der Betrieb.
Beobachtung der am Motor wahrgenommenen Mängel und deren Abhilfe.

Geht eine Fabrik zum Bau von Motoren für See- und Küstenfischereifahrzeuge über[1]), so kommt es erfahrungsgemäß leicht vor, daß sie einen Motor einbauen läßt, bevor er auf dem Probierstande der Fabrik hinreichend durchgeprüft ist. Die sich dann ergebenden Beanstandungen sind unerwünscht und für Lieferanten und Abnehmer gleich unzuträglich. — Auch wenn diese Bedingung erfüllt wurde, werden sich bei dem Betrieb des Motors im Fahrzeug Änderungen und Verbesserungen als nötig und zweckmäßig erweisen, die auf dem Probierstand der Fabrik nicht wahrgenommen werden konnten. Hier ist nötig, daß die Vertreter der Fabrik jeden Einwand des Fischers hören und in der Weise beachten, daß alle Änderungen und Verbesserungen, welche der Gebrauch auf See fordert, ausgeführt werden. Dieses Zusammenarbeiten der Fabriken mit den in der Praxis stehenden Männern wird sich als segensreich für beide Teile erweisen.

Das Verhältnis des Motors zum Fahrzeug oder Boot.

Indem wir auf die Wichtigkeit des Zusammenarbeitens der Motorfabriken mit den Schiff- und Bootsbauwerften zurückkommen, gehen wir auf die Fahrzeuge näher ein, in welchen die Wettbewerbsmotoren der ersten Klasse stehen.

Um die Bruttogrößen dieser Fahrzeuge einwandfrei miteinander vergleichen zu können, lassen wir zunächst ein Verzeichnis des Kubikinhalts der Bün folgen; er beträgt bei:

»Willi«	3,4	cbm,
»Ida«	3,5	»
»Bernhardine«	4,6	»
»Magdalena«	4,9	»

[1]) Für Motoren in Seehandels- und in Binnenschiffahrtsfahrzeugen wird übrigens dasselbe zutreffen.

Unter Benutzung der auf S. 80 bis 104 über die Fahrzeuge gemachten Angaben und der auf S. 117 bis 124 enthaltenen Ergebnisse
der Schlußprüfungsfahrten läßt sich die folgende Übersicht aufstellen:

Lfde. Nr.	Name des Fahrzeuges	Brutto-größe in Kubikmeter mit Einschluß der Bün	Stärke des Motors in PSe	Auf eine Pferde-stärke d. Motors entfallende Zahl von Kubik-metern der Bruttogröße	Mittlere Fahrt in See-meilen in der Stunde mit dem Motor ohne Segelhilfe bei Wind-stille oder flauem Wetter u. glatter See	Bemerkungen
1	2	3	4	5	6	7
1	»Willi«	26,040	8	3,255	5,5	
2	»Ida«	23,189	6	3,866	5,0	
3	»Bern-hardine«	42,000	8	5,250	4,0	Der Inhalt der Bün der »Bern-hardine« ist zwar berechnet, aber mit ver-messen. Siehe Seite 91.
4	»Magda-lena«	27,028	8	3,378	4,7	
5	»Rüg 17«	39,138	8	4,892	4,7	Rüg 17 hat keine Bün. Die hier angegebe-ne Größe ist also die Ver-messungsgröße

Es leuchtet ein, daß bei gleicher Güte der Fahrzeuge die in
der Übersicht angegebene mittlere Fahrgeschwindigkeit in direktem
Verhältnis stehen mußte zu der auf die Einheit der Maschinenstärke bezogenen Bruttogröße oder: je niedriger die auf die Pferdekraft entfallende Bruttogröße ist, desto mehr Fahrt mußte das
Fahrzeug machen.   Die Fahrzeuge mußten sich also der Fahrgeschwindigkeit nach wie folgt ordnen:
    »Willi«, »Magdalena«, »Ida«, »Rüg 17«, »Bernhardine«.
    Linienrisse der Fahrzeuge waren von den meisten Erbauern
nicht zu haben.   Diese im Kleinbetrieb schaffenden Werften bauen
vielfach überhaupt nicht nach Rissen, sondern nach einem durch
Holzschablonen (Mallen) festgelegten Muster.
    Als feststehend kann man annehmen, daß alle diese Muster
für die Fortbewegung mit Segeln allein bestimmt sind.   Ob und wie
weit ihre Form auch als reine Segelfahrzeuge zu verbessern wäre,
lassen wir auf sich beruhen.   Wir stellen aber fest, daß durch Hinzu-
treten der Schraube als Fortbewegungsmittel andere Formen als
bei Verwendung der Segelkraft allein nötig werden.

Bei der Festlegung der Form wird der Konstrukteur in erster Linie zu berücksichtigen haben, ob es sich handelt um ein Fahrzeug:

1. mit Segeln und Hilfsmaschine oder
2. mit Maschine und Hilfssegeln oder
3. mit Maschine ohne Segel.

Mit Rücksicht auf die Betriebskosten wird es sich vielfach empfehlen, die Segel mit Hilfsmaschine zu wählen. Es finden sich aber auch Betriebsarten, bei denen es nicht wirtschaftlich ist, die Maschinenkraft gegen die Segel zurückzustellen, z. B. bei den Fahrzeugen, welche den Lachsangelfang in der östlichen Ostsee betreiben. Auch der Fall, daß man sich auf die Maschinenkraft allein verlassen will, kann eintreten, wie das folgende Beispiel zeigt: Der aus großen und kleinen Steinblöcken bestehende fischreiche Adlergrund liegt in der Ostsee südwestlich von Bornholm, 56 Seemeilen von Kolberg entfernt. Dort ist, der Grundbeschaffenheit wegen, nur Angelbetrieb möglich. Will man mit Langleinen fangen[1]), so müssen die Angelhaken am Lande beködert werden, weil dies an Bord mit der hier in Frage kommenden geringen Besatzung und bei den engen Raumverhältnissen nicht möglich ist. Das Fahrzeug muß also schnell nach dem Fanggrund und zurück laufen können und dabei von Wind und Wetter möglichst unabhängig sein. Die vielleicht nötige Leistung von 10 Seemeilen in der Stunde läßt sich nur mit einem Fahrzeug erreichen, das mit Motorkraft allein ohne Segel arbeitet.

Als Anhalt für den Fischer, wenn er die Bedingungen für den Bau eines Fahrzeuges feststellen oder überschlagen will, kann folgende Übersicht dienen:

Laufende Nr.	Art des Fahrzeuges oder Bootes im allgemeinen	Zahl der Kubikmeter der Bruttogröße mit Einschluß der Bün, welche auf eine Pferdestärke des Motors entfallen können	Bemerkungen
1	2	3	4
1	Segelfahrzeug mit Hilfsmaschine	6 bis 8	
2	Motorfahrzeug mit Hilfssegeln	3 bis 4	
3	Motorfahrzeug ohne Segel	1 bis 2	

[1]) Eine Belehrung über den Langleinenbetrieb findet sich in der Schrift: »Beschreibung der wichtigsten deutschen Seefischerei-Fanggeräte in der Nord-

Über die durch Steigerung der Maschinenstärke erreichbare Fahrtvermehrung gibt man sich oft Täuschungen hin. Bei Fahrzeugen der hier in Frage kommenden Art nimmt man in der Praxis an, daß die Motorstärke mit der dritten Potenz der Fahrt wächst, und diese im übrigen vom Nullspant abhängt, für dessen Einfluß man einen Erfahrungskoeffizienten einsetzt. Man wird nicht wesentlich fehlgreifen, wenn man diesen Koeffizienten hier zu 0,1 annimmt.

Werden nun 4 Seemeilen Fahrt verlangt, so hat man:

$$4 \times 4 \times 4 \times 0,1 = 6,4 \text{ PS.}$$

Werden 5 Seemeilen verlangt, so hat man:

$$5 \times 5 \times 5 \times 0,1 = 12,5 \text{ PS.}$$

Werden 6 Seemeilen verlangt, so hat man:

$$6 \times 6 \times 6 \times 0,1 = 21,6 \text{ PS.}$$

Wenn diese Berechnung auch nur ungefähren Anhalt gibt, so weist sie doch darauf hin, daß man die Fahrtvermehrung weniger durch die Vermehrung der Maschinenstärke als durch die Verbesserung der Schiffsform zu erreichen versuchen sollte.

Die Unterstützung kleiner Schiff- und Bootsbauwerften.

Eine große Zahl der kleinen Schiff- und Bootsbauwerften an den deutschen Küsten ist in wirtschaftlich bedrängter Lage. Ob sich diese nicht dadurch bessern ließe, daß man zunächst Bauaufträge nicht mehr in das Ausland gibt, ist eine offene Frage. Mit jedem Bau, der im Auslande ausgeführt wird, verlieren nicht nur deutsche Schiffbauer, sondern auch deutsche Segelmacher, Reepschläger, Nagelschmiede, Holzlieferanten usw. Sie alle gehören zu den Trägern des seemännischen Geistes unserer Küstenbewohner, des Geistes, den wir als Seemacht und für unsere Seegeltung nicht entbehren können.

Daß ferner die kleinen deutschen Werften den Wettbewerb desto besser durchhalten können, je mehr Aufträge ihnen und nicht ausländischen Erbauern zugewiesen werden, liegt auf der Hand.

Wir haben auf S. 128 erwähnt, daß bei uns im Kleinbetrieb häufig nicht nach Zeichnungen und Rissen, sondern nach Mallen

und Ostsee und ihrer Kennzeichnung‹, nach Angaben des Deutschen Seefischerei-Vereins herausgegeben vom Reichs-Marine-Amt. Mit 1 Tafel und 57 Abbildungen. Berlin. Ernst Siegfried Mittler & Sohn, Königliche Hofbuchhandlung und Hofbuchdruckerei, Kochstraße 68—71. Diese Schrift wird im April jeden Jahres den ›Nachrichten für Seefahrer‹ beigegeben. Sie erschien 1911 in zehnter Auflage. Einzelne Exemplare können von dem Deutschen Seefischerei-Verein bezogen werden.

gebaut wird. Die so entstandenen, vielfach auch in der Praxis er-
probten Formen, müssen neueren weichen, seit der Motorbetrieb sich
Bahn gebrochen hat. Es entsteht dadurch die für die Fischer und
Kleinwerften gleichwichtige Forderung, neue Formen für Fahrzeuge
und Boote zu finden und diese den Schiffbauern in solcher Weise
zugänglich zu machen, daß sie danach bauen. Wenn die deutschen
Schiffkonstrukteure sich dieser Aufgabe zuwenden, werden sie dem
Seefischereigewerbe und dem Vaterlande einen wichtigen Dienst leisten.

In Norwegen hat die Regierung den Bau von Seefischereifahrzeugen und Booten in der Weise gefördert, daß sie einen Lehrer von
Ort zu Ort sandte. Dieser entwarf die Risse und führte mit einem
der ansässigen Schiffbaumeister den Bau unter Beteiligung der Fischer
aus. Möge man bei uns diesen oder einen anderen Weg wählen; nötig
ist, daß die moderne Technik dem Betrieb nutzbar gemacht wird,
wenn wir den Wettbewerb mit dem Auslande bestehen wollen.

Zu den Fragen, welche bei Neukonstruktionen heraufkommen,
gehört unter anderen die Beballastung der Fahrzeuge. An Bord
von »Bernhardine«, »Magdalena« und »Rüg 17« ist der Ballast
verschieden untergebracht. Seine Lagerung vor und hinter der Bün,
wie an Bord der »Magdalena«, schwächt den Verband, vermehrt die
Stampfbewegungen und schadet deshalb den Fischen in der Bün. —
Man kann den Grundsatz aufstellen, daß jede Beballastung ober-
halb des Kiels nicht mehr zeitgemäß ist; der Ballast muß vielmehr
in dem Kiel oder unter demselben liegen. Am unvorteilhaftesten
liegt der Ballast an Bord des »Rüg 17«. Die Form dieses auf Bornholm gebauten Kutters ist eine Nachbildung der Lotsenkutter an
der Südküste Norwegens, wie sie gebraucht wurden, als die See-
schiffahrt unter Segel noch in Blüte stand. Seit Jahrzehnten hat
man in Norwegen diese Form aufgegeben und Kutter gebaut, welche
Eisenballast im Kiel haben. Auf Bornholm hat man an der ver-
alteten Form festgehalten und unsere Fischer bestellen dort ver-
altete Fahrzeuge, obgleich wir in Deutschland bessere bauen können.

An das Erwähnte lassen sich folgende Leitsätze knüpfen:

1. Die Formen der Fahrzeuge und Boote der deutschen See-
und Küstenfischerei genügen vielfach den Forderungen nicht mehr.

2. Als der Motor mit Schraube zur Fortbewegung der Fahrzeuge
und Boote in dem Fischereibetrieb Eingang fand, wurde er überall in die
für den früheren Segelbetrieb bestimmten Fahrzeuge und Boote gesetzt.

3. Die Fortbewegung durch Motor und Schraube bedingt neue
Formen. Bei dem jetzigen Verfahren wird Kraft und Geld verschwendet,

denn bei richtiger Konstruktion der Fahrzeuge und Boote läßt sich Erhebliches an Betriebskraft ersparen und an Seefähigkeit sowie an F a n g f ä h i g k e i t gewinnen.

4. Weder für die Nordsee- noch für die Ostseeküste läßt sich aber ein Einheitstyp für Fahrzeuge und Boote finden. Die Verschiedenheit der Häfen, der Küsten, der Fanggründe und Fangarten erfordert vielmehr für verschiedene Orte und Gegenden verschiedene Typen und Größen von Fahrzeugen und Booten.

5. Die im Kleinbetrieb arbeitenden Werften an den deutschen Küsten begannen zu verfallen, als die kleine Segelschiffahrt verfiel. Was von diesen Werften noch übrig ist, ringt mit dem Untergang. Ihre zum Teil tüchtigen Besitzer sind nicht Konstrukteure genug, um selbständig nach ihnen gelieferten neuen Plänen und Rissen zu bauen. Sie müssen zunächst wieder nach persönlicher Anweisung eines Konstrukteurs modern bauen lernen.

6. Die Hebung des Baues von See- und Küstenfischereifahrzeugen und -booten an unseren Küsten ist nicht minder wichtig als die Hebung des Baues von Motoren. Bei jedem Bau, den wir im Ausland ausführen lassen, verlieren nicht nur die Kleinschiffbauer, sondern auch die Segelmacher, Schmiede, Holzhändler und andere Gewerbe, die der See- und Küstenfischerei dienstbar sind.

7. Je mehr Bauten wir weiter im Ausland ausführen lassen, desto leistungsfähiger wird der Wettbewerb des Auslandes und desto mehr gehen unsere kleinen Werften zurück, weil sie wegen Mangels an Bestellungen auch die Preise des Auslandes nicht unterbieten können. Das weitere Zurückgehen der kleinen Werften bedeutet aber ein direktes Hindernis für unsere Fischerei, indem dieselbe auch die erforderliche Gelegenheit für R e p a r a t u r e n an ihren Booten und Fahrzeugen verliert, a n d e r e s b e r e i t s j e t z t a n m a n c h e n S t e l l e n m a n g e l t.

8. Mit diesem Rückgang leidet der für unsere Seemachtstellung nötige seemännische Geist an unseren Küsten.

9. Die Verbesserung der Formen von Fahrzeugen und Booten ist viel wichtiger, als man bisher anzunehmen pflegte.

Die Ausnutzung der Motorkraft für den Fangbetrieb und für den allgemeinen Schiffsbetrieb.

Wenn in einem Fahrzeug ein Motor zum Betrieb der Schiffsschraube steht, so ist es wirtschaftlich nicht nur wichtig, sondern nötig, daß der Motor außer zum Betrieb der Schraube benutzt wird:

1. zum Einholen der Netze und anderer Fanggeräte,
2. zum Treiben des Ankerspills,
3. zum allgemeinen Schiffsdienst,
4. zum Betrieb der Lenzpumpen.

Die Netzwinde fehlt vielfach, weil den Fischern ihr Nutzen noch nicht geläufig ist, wie an Bord von »Willi« und »Ida«, siehe Fig. 30 und 33. Daß sie unter Umständen mit Nutzen verwendet werden könnte, leuchtet ohne weiteres ein.

An Bord der »Bernhardine« wird die Netzwinde durch den Motor betrieben, wie aus den Figuren 35 und 36 zu ersehen ist; sie steht längsschiffs, weil diese Stellung für den Snurrwadenbetrieb bequem ist. Auch für diesen Betrieb läßt sich aber ein für alle andere Verwendung bessere Stellung querschiffs finden. Es läßt sich ferner eine Winde konstruieren und aufstellen, welche mit verschiedenen Übersetzungen arbeitet, also bei Bedarf mehr Kraft entwickeln kann, als für den Snurrwadenbetrieb nötig ist. Von welcher Bedeutung dies werden kann, zeigt der auf S. 111 erwähnte Fall, in dem der Kapitän der »Bernhardine« das gestrandete Fahrzeug mit dem Motor abhieven konnte, indem er die Drahttrosse des ausgebrachten Ankers um die Welle der Winde nahm und den Motor laufen ließ.

An Bord der »Magdalena« befindet sich die in Figur 42, 44 und 45 dargestellte Handwinde für den Fangbetrieb. Sie ist mit zwei Übersetzungen versehen und kann auch für den allgemeinen Schiffsdienst verwendet werden. Daß sie nicht an den Motor gekuppelt werden kann, ist ein Mangel, dessen baldige Beseitigung erwünscht ist.

Das A n k e r s p i l l mit dem Motor zu treiben, ist ebenso wichtig wie der Motorbetrieb der Fangwinde. Von den vielen möglichen Diensten, welche dem Schiff dadurch geleistet werden können, wollen wir nur einen anführen: Das Fahrzeug liegt im Sturm bei; ein Treibanker kann nicht ausgebracht werden und man muß vor den bis auf den Tamp ausgesteckten Ankerketten treiben. Läßt der Sturm nach, so wird man in der Regel die Ketten nur mit dem Motor einhieven können, denn das einfache Handspill wie an Bord der »Bernhardine« und das noch einfachere an Bord der »Magdalena« reicht dazu nicht aus.

Der allgemeine Schiffsdienst, wie Abhieven vom Strand im Fall der »Bernhardine«, Verholen, Setzen der Segel usw., macht die Verwendung der Motorkraft nötig. Jede für den Fangbetrieb an Bord aufgestellte Winde und jedes Spill muß also eine möglichst vielartige Verwendung bei größter Einfachheit zulassen.

Die Lenzpumpen mit dem Motor zu betreiben und sich nicht
auf den Handpumpenbetrieb zu beschränken, wenn ein Motor im
Fahrzeug steht, wie an Bord der »Magdalena«, ist für die Sicherheit
von Fahrzeug und Besatzung sowie zur Ersparung von Arbeits-
kraft erforderlich.

Bei allen diesen Ausrüstungsstücken, nämlich Winden, Spillen,
Pumpen, fehlt es an Angebot von Fabriken. Die Fabriken sollten
sich entschließen, alle diese Stücke mit den Motoren zu liefern und
an Bord aufzustellen, wenn dies gewünscht wird. Nicht nur ein enges
Zusammenarbeiten der Motorbauer mit dem Schiffbauer ist nötig,
sondern für die Motorfabriken und für die Fischer ist von Bedeutung,
daß diese Fabriken mit dem Motor die Heckwelle, die Schraube
mit Umsteuerung und das ganze technische Maschinengerät mit
allen Kupplungen und Zubehör liefern und aufstellen.

Um dieses Ziel zu erreichen, müssen die Fabriken die bereits
mehrfach erwähnte enge Fühlung mit den Schiffbauern und mit
den Fischern, mit der Küste und mit der See überhaupt nehmen;
sie müssen aufhören, seefremd zu sein.

Daß alle diese technischen Hilfsmittel desto wichtiger sind,
je größer das Fahrzeug ist, in dem der Motor steht und je weiter es
seine Reisen seewärts ausdehnt, leuchtet ohne weiteres ein.

Die Ausrüstung und Einrichtung der Fahrzeuge und Boote nach neuen Gesichtspunkten.

Auch bei der übrigen Ausrüstung und Einrichtung der Fahrzeuge
und Boote fehlt es an zweckmäßigen und bewährten Neuerungen.

Hierher gehört zunächst das Steuern mit der Ruderpinne. Liegt
der Segelschwerpunkt etwas weit nach hinten, ist das Ruder ver-
hältnismäßig groß, die Ruderpinne kurz, wie an Bord der »Magdalena«,
so wird das Steuern erschwert und erfordert
große Kraftaufwendung. Hier die Pinne
durch eine einfache Radsteuervorrichtung zu
ersetzen, wie sie in Figur 57 dargestellt ist,
erscheint nötig. Sie läßt sich mit einem an
einem Bolzen im Deck befestigten Steert
leicht festsetzen, erfordert wenig Kraft-
aufwand beim Steuern und beseitigt

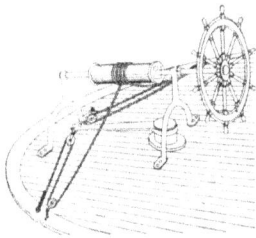

Figur 57. Steuerrad.

die Gefahr, daß der Rudersmann von
der Pinne über Bord geschlagen wird, wenn diese bei schlechtem Wetter nicht mit Enden oder Taljen an den Bord-

wänden festgehalten wird, sondern frei von Bord zu Bord schlägt.

Die verbreitete Ansicht, daß ein heruntergelassenes Mittelschwert die Steifheit (Stabilität) eines segelnden Fahrzeuges vermehre, ist irrig, aus Fig. 58 hervorgeht. Der Winddruck gegen die Segel und der Wasserdruck gegen das Schwert wirken vereint auf Kenterung des Schiffes. Nur bei einem Ballastschwert findet der Druck gegen die Luvwand des Schwertkastens nicht statt und das Schwert wirkt nicht auf Kenterung.

Den Großmast nach vorn zu stagen, so daß er mit dem Topp nach vorn steht und in der Mitte seiner Höhe eine Bucht nach hinten hat, ist vielfach Gewohnheit. Man glaubt, daß dies die Segelfähigkeit des Fahrzeuges erhöht. Dies trifft aber nicht zu; was dadurch allenfalls erreicht werden kann, ist eine geringe Verlegung des Segelschwerpunktes[1]) nach vorn, deren Einfluß ihrer Kleinheit wegen nicht wirksam sein kann. Der Mast muß so gestagt werden, daß Stag und Wanten gleichmäßig tragen. Das Vornüberstagen schwächt seine Haltbarkeit und befördert das Brechen beim Einsetzen des Fahrzeuges in die See.

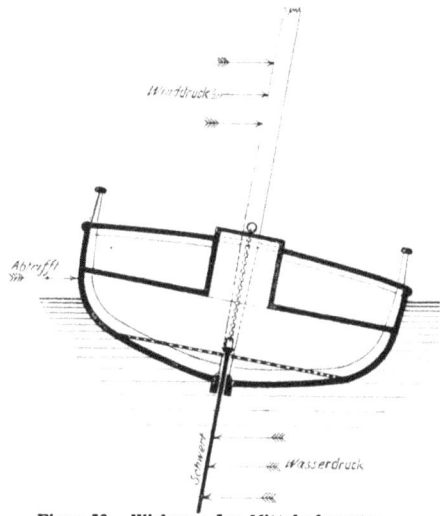

Figur 58. Wirkung des Mittelschwertes.

Die Wanten auf Taljereep zu setzen, ist nicht nur schwieriger, sondern auch teurer als das Setzen auf Schrauben, die im Handel leicht zu haben sind. Daß sich diese Art zu setzen besonders bei Fahrzeugen mit umlegbarem Großmast, wie er in der Treibnetzfischerei üblich ist, bewährt, liegt auf der Hand.

An dem Schnitt der Segel, an den Fallen, Schoten und Halstaljen läßt sich manches bessern und Kraft sowie Geld ersparen, wenn man sich die Erfahrungen mit modernen Jachten zunutze macht.

---

[1]) Über den Segelschwerpunkt und seine Berechnung siehe ›Seefischereifahrzeuge und Boote ohne und mit Hilfsmaschinen‹ von W. Dittmer und H. V. Buhl. Herausgegeben vom Deutschen Seefischerei-Verein. Hahnsche Buchhandlung, Hannover und Leipzig, 1904, Seite 59 bis 67.

Abschnitt XII.

Ratschläge für deutsche See- und Küstenfischer.

Die moderne Seemannschaft beruht auf der Maschinenkunde. Der Maschinist-Seemann ist nicht weniger wert als der Segel-Seemann. Die seemännische Findigkeit des Motorfischers wird dem Mann in allen Dienststellungen und Lebenslagen von Nutzen sein. Die Ingangsetzung eines auf See havarierten Motors, das Laschen einer zerbrochenen Motorwelle ist nicht leichter als das Errichten eines Notmastes und einer Nottakelung, wenn ein Mast über Bord gesegelt wurde.

Damit der Fischer seinen Motor richtig behandeln, damit er Havarien daran auf See beseitigen kann, muß er ihn genau kennen und richtig zu behandeln wissen.

Anschließend hieran behandeln wir der Reihe nach:

1. den Einbau,
2. den Maschinenraum,
3. den Motor,
4. die Umsteuerung,
5. die Sicherheitsvorrichtungen,
6. die Bewachung,
7. das Handwerkszeug.

Der Einbau.

Wesentlich ist, daß der Fischer bei dem Einbau des Motors in sein Fahrzeug zugegen ist, daß er dabei jeden einzelnen Teil und seine Wirkung kennen lernt.

Zu achten ist dabei unter anderem besonders darauf, daß Schrauben, Muttern und Kontermuttern, die sich bei den Bewegungen des Fahrzeuges im Seegang lockern können, durch Splinte oder in sonst geeigneter Weise gesichert werden. Der nicht seemännische Techniker unterläßt dies leicht.

Der Maschinenraum

muß sauber gehalten werden, sowohl oben als besonders in der darunter liegenden Bilge.

Der Motor.

Häufiges Überholen des Motors und seiner einzelnen Teile verbunden mit gründlicher Reinigung ist nötig für den guten Gang und die Dauer der Maschine.

Das Kurbelgehäuse muß trocken und sauber gehalten, darin angesammeltes Schmieröl muß beseitigt werden.

Bei Frost im Winter muß das Kühlwasser zwischen Zylinderwänden abgelassen werden, denn wenn es gefriert, wird die Zylinderwand gesprengt.

Rohöl kann bei Frost im Winter dickflüssig werden, so daß für den Betrieb seine Anwärmung nötig wird.

Die Siebe in den Leitungen von den Brennstoffbehältern zum Motor müssen besonders bei Rohöl häufig gereinigt werden, damit die Einspritzdüse nicht verstopft und der Motor dadurch außer Betrieb gesetzt wird.

Wichtig ist während des Betriebes eine sorgfältige Beobachtung des Auspuffes. Wird dieser zu stark, so ist oft die Zuführung von zuviel Brennstoff oder zu starke Schmierung die Ursache.

Die Umsteuerung.

Bei Verwendung einer Drehflügelschraube für die Umsteuerung der Motorkraft ist besonders wichtig, daß der Fischer alle einzelnen Teile und ihre Wirkung genau kennt, damit er auf See leicht eintretende Havarien beseitigen kann. Der Dichtung der Umsteuerwelle in der Hohlwelle, wenn solche vorhanden ist, der guten Sicherung aller Verbindungen ist besondere Sorgfalt zuzuwenden.

Sicherheit gegen Explosions- und Feuersgefahr.

In gedeckten Fahrzeugen sollte der Motorraum mit Eisenblech über einer Asbestschicht ausgeschlagen werden.

Für gute Lüftung durch geeignete Ventilatoren ist zu sorgen.

Die Auspuffleitung muß mit einem schlecht wärmeleitenden Stoff verkleidet werden, besonders wenn sie auf hölzernen Fahrzeugen dicht an der Bordwand liegt.

Wird bei Glühhaubenmotoren die Blaselampe unter Deck an-
gesetzt, so darf sie nicht unbewacht sein. Verlöscht die Heizflamme,
so strömen explosive Gase aus der Lampe in den Raum, welche bei
Berührung mit offenem Licht Explosion und Feuer erzeugen.

In dem Maschinenraum dürfen nur gut geschlossene und gut
aufgehängte Laternen zur Beleuchtung verwendet werden.

An den Brennstoffbehältern muß eine Vorrichtung sein, welche
ihre sofortige Abstellung und Entleerung bei Ausbruch von Feuer
möglich macht.

Die Bewachung.

Dauernde Bewachung im Betriebe ist nötig. Wird der Wach-
mann auf See abgelöst, so sollte er seinem Nachfolger den Motor
übergeben und ihn zuvor bedienen und prüfen. Steht der Motor
unter Deck, so empfiehlt es sich, in dem hinteren Schott der Kappe
des Maschinenraumes ein Fenster so anzubringen, daß der Mann am
Ruder den Motor sehen und beobachten kann.

Das Handwerkszeug.

Wie der Motor, so muß das zu seinem Betrieb und zu seiner
Ausbesserung nötige Handwerkszeug stets vollständig, gebrauchs-
fähig und zur Hand sein. Ein besonderer Raum dafür im Maschinenraum ist nötig.

Schluß.

Durch das Ergebnis des Wettbewerbes der ersten Motorklasse läßt sich zunächst feststellen, daß der Zweck des Preisausschreibens des Deutschen Seefischerei-Vereins vom August 1908 erreicht ist. Wenn wir vorläufig hinzufügen, daß das Ergebnis des Wettbewerbes der zweiten Motorklasse die vorliegenden Erfahrungen nur bestätigen wird, so glauben wir, den heraufkommenden Tatsachen nicht vorzugreifen.

Wir bemerken ferner, daß das Preisausschreiben das Interesse für die Motoren in Fahrzeugen der See- und Küstenfischerei und für Motoren auf See überhaupt in weite Kreise getragen hat. Auch Fabriken, die sich nicht an dem Wettbewerb beteiligt haben. gehen jetzt zum Bau solcher Motoren über.

Da die Schlußprüfung der zweiten Wettbewerbswinde erst im April 1911 stattfand, und da die Schlußprüfung der zweiten Klasse der Wettbewerbsmotoren in den Mai 1911 fiel, schien es nicht angebracht, mit der Veröffentlichung des für Fischer und Fabrikanten wichtigen Materials länger zu warten. Die Veröffentlichung des zweiten Bandes dieser Arbeit soll im Herbst 1911 erfolgen.

Es stand fest, daß schon vor dem Preisausschreiben des Deutschen Seefischerei-Vereins in Deutschland Motoren für Seefischereifahrzeuge hergestellt werden konnten, nicht nur so gut, sondern vielfach besser als im wettbewerbenden Auslande; es fehlte nur der Entschluß der Fabriken, zu einem System überzugehen, welches der rauhen Beanspruchung im Seefischereibetriebe und im Kleinbetriebe auf See überhaupt gewachsen ist. Die Fabriken waren seefremd. Soweit sie es noch sind, werden ihnen die folgenden Leitsätze von Wert sein, in denen wir die Hauptforderungen kurz zusammenfassen:

1. Entgegenkommen und Klarheit den Fischern gegenüber bei
Bestellungen von Motoren.
2. Zusammenarbeiten mit einer Schiffbauwerft oder mit einem
Schiffbautechniker beim Einbau von Motoren.
3. Verfolgung aller Mängel, welche sich an den Motoren im Betrieb auf See herausstellen, und Beseitigung derselben.
4. Lieferung und Einbau von Heckwelle, Schraube, Winden,
Spillen und Pumpen mit dem Motor.

Die Petroleum- und Benzinmotoren, ihre Entwicklung, Konstruktion, Verwendung und Behandlung.

Ein Handbuch für Ingenieure, Motorenbesitzer und Wärter. Aus der Praxis für die Praxis bearbeitet von **G. Lieckfeld**, Zivilingenieur in Hannover. Dritte umgearbeitete u. vermehrte Aufl. 304 S. gr. 8°. Mit 306 Textabbildungen. In Leinwand geb. Preis M. 10.—.

. . . Es ist sehr erfreulich, das nunmehr in dritter Auflage vorliegende Werk in einer Weise ergänzt zu sehen, welche den jüngsten Errungenschaften besonderes Augenmerk schenkt, sodaß das Buch in gleicher Weise dem Konstrukteur wie dem Besitzer solcher Motoren sehr gute Dienste leisten kann. Es ist dies um so wertvoller, weil bekanntlich bei der Herstellung von Motoren für flüssige Verbrennungsstoffe ebenso viele Fehler gemacht werden wie bei ihrer Wartung und Bedienung. Hier Aufklärung geschaffen zu haben, ist ein hervorragendes Verdienst des Verfassers.
(Schweizerische Maschinenbauzeitung.)

Aus der Gasmotorenpraxis.

Auswahl, Prüfung und Wartung der Gasmotoren. Von **G. Lieckfeld**, Zivilingenieur in Hannover. Zweite erweiterte und verbesserte Auflage. 120 S. 8°. Mit 53 Abbildungen. In Leinwand geb. Preis M. 2.75.

. . . Das Werkchen dürfte sicher viel dazu beitragen, das Verständnis für die Eigenart der Gasmotoren zu fördern und das Arbeiten mit ihnen zu einem angenehmen zu machen, und wir können es daher nur zur Anschaffung empfehlen. *(Gewerblich-Technischer Anzeiger.)*

Die Sauggasanlagen, ihre Entwicklung, Bauart, Wartung und Prüfung.

Aus der Praxis für die Praxis bearbeitet von **G. Lieckfeld**, Zivilingenieur in Hannover. 130 S. 8°. Mit 47 Abbildungen im Text. In Leinw. geb. Preis M. 4.—.

Nach kurzer Schilderung des Entwicklungsganges und Wesens der Sauggasanlagen gibt er eine übersichtliche Zusammenstellung der heute in der Praxis eingeführten Systeme. Ausführlich erläutert er ferner die Wartung der Sauggasanlagen. Da in dem Werkchen alle weitgehenden theoretischen Auseinandersetzungen vermieden sind, ist es für jeden, auch wenn er nicht über besondere technische Kenntnisse verfügt, verständlich und daher sein infolge seiner sachgemäßen Anlehnung an die Praxis für Motorenbesitzer und alle, die mit Sauggasanlagen zu tun haben, ein wirklich brauchbarer Ratgeber.
(Zeitschrift für Dampfkessel- und Maschinenbetrieb.)

Elektromotorische Antriebe.

Für die Praxis bearbeitet von Oberingen. **B. Jacobi.** (Oldenbourgs Technische Handbibliothek, Bd. 15.) XVIII und 341 Seiten. 8°. Mit 172 Abbildungen. In Leinw. geb. Preis M. 8.—.

. . . Bei der besonders in den letzten Jahren gesteigerten Einführung der elektrischen Kraftübertragung kann das Werk ein allseitiges Interesse beanspruchen. Die Kapitel sind klar und verständlich geschrieben und mit Sachkenntnis bearbeitet. Die klare Darstellung wird wirksam unterstützt durch zahlreiche gut ausgeführte Abbildungen und Tabellen. Auch die äußere Ausstattung des Buches ist mustergültig. Das Werk wird daher nicht nur den maschinentechnisch gebildeten Besitzern elektrischer Anlagen, Betriebsingenieuren, Werkführern usw., sondern auch Montageinspektoren als Nachschlagebuch ein wertvoller Schatz sein.
(Deutsche Fabrikanten-Zeitung.)

Die Dampfmaschine und ihre Steuerung.

Leitfaden zur Einführung in das Studium des Dampfmaschinenbaues auf Grund der Diagramme von Zeuner, Müller und der Schieberellipse. Von Dipl.-Ing. **Ad. Dannenbaum**, Ingenieur bei Blohm & Voß. 214 S. gr. 8°. Mit 82 Textabbildungen und 11 lithograph. Tafeln. In Leinwand geb. Preis M. 4.50.

. . . . Die verschiedenen Arten dieser Darstellung werden eingehend besprochen und kritisch beleuchtet. Sodann werden unter Anwendung der Kritik, die das beste Lehrmittel darstellt, um denken zu lernen und abzuwägen zwischen Theorie und Praxis, die wichtigsten Steuerungen eingehend behandelt. Die Darstellung ist kurz und klar. Studierenden, für die der Verfasser das Buch in erster Linie bestimmt hat, und Ingenieuren, die sich einen Überblick über die Dampfmaschinensteuerung verschaffen wollen, kann das Buch bestens empfohlen werden. *(Archiv für Eisenbahnwesen.)*

PROBESEITE AUS DEM BANDE »VERBRENNUNGSMASCHINEN«

Der Band enthält etwa 3500 Worte in jeder der sechs Sprachen mit über 1000 Abbildungen (628 Seiten). In Leinwand gebunden Preis M. 8.—.

156

durchlaufender Rahmen (m) continuous frame bâti (m) continu		цѣльная рама (f) incastellatura (f) continua bastidor (m) corrido, bancada (f) corrida
achsiale Druckaufnahme (f) taking up the axial thrust réception (f) axiale de la pression		центральное воспринятіе (n) нагрузки ricevere (m) una pressione assiale compensación (f) de la presión axial
Laterne (f), Zwischenstück (n), Mittelstück (n), Verbindungsstück (n) distance piece lanterne (f), pièce (f) intercalaire à fenêtres		фонарь (f); промежуточная часть (f); соединительная рама (f) lanterna (f), pezzo (m) interposto linterna (f), pieza (f) intermedia
hinterer Führungskasten (m) tailrod guide boîte-guide (f) postérieure		коробка (f) для задняго ползуна scatola-guida (f) posteriore caja (f) de corredera posterior
Geradführung (f) guide glissière (f)		направляющія (f pl) прямолинейнаго движенія; параллели (f pl) guida (f) guía-[corredera] (f)
Kreuzkopfführung (f) crosshead guide glissière (f) de crosse	a	параллели (f pl) или направляющія (f pl) ползуна или крейцкопфа guida (f) della testa a croce guía-corredera (f) de cruceta
Tragführung (f) supporting guide or slide guide-support (m)	b	направляющая подножка (f) guida-sopporto (f) guía-soporte (f)
flache Geradführung (f) flat guide, flat slide glissière (f) plate		плоскія направляющія (f pl) или параллели (f pl) guida (f) piatta guía-corredera (f) plana
Rundführung (f) cylindrical guide or slide glissière (f) ronde		цилиндрическія направляющія (f pl) или параллели (f pl) guida (f) tonda guía-[corredera] (f) circular

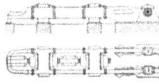

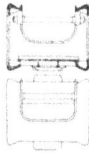

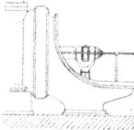

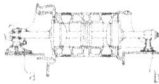

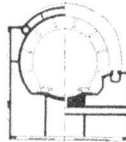

Ausführlicher Prospekt mit genauer Inhaltsübersicht, weiteren Probeseiten usw. steht kostenlos zur Verfügung.